Walter Schwarz
In den Augen lesen

Walter Schwarz

In den Augen lesen

Die Praxis der Irisdiagnose

ARISTON

Die Deutsche Bibliothek – CIP-Einheitsaufnahme
Schwarz, Walter:
In den Augen lesen: Die Praxis der Irisdiagnose / Walter Schwarz. – 2. Aufl. –
Kreuzlingen; München: Hugendubel, 2001
ISBN 3-7205-2029-3

2. Auflage 2001

Die Angaben zu Diagnose und Therapie sind sorgfältig geprüft
und entsprechen dem Wissen und der Erfahrung des Autors.
Dennoch werden die Leserinnen und Leser ersucht,
im Bedarfsfall individuell fachlichen Rat einzuholen.

Redaktion: Karin Schanzenbach, Hamburg
Fotos und Zeichnungen: Walter Schwarz
Umschlaggestaltung: Manu Böhler, Überlingen
Umschlagmotiv: G + J Fotoservice/F. P. Wartenberg
Produktion: Maximiliane Seidl
Satz und Repro: SatzTeam Berger, Ellenberg
Druck: Wiener Verlag, Himberg bei Wien
Printed in Austria

ISBN 3-7205-2029-3

Inhalt

Vorwort 9

Teil 1
In den Augen lesen: die Irisdiagnose 11

Irisdiagnose zu Hause 13
Das Handwerkszeug 14
Das Auge – ein offenes Buch? 16

Möglichkeiten und Grenzen der Irisdiagnose 18
Die Kunst der Irisdiagnose 18
Die Praxis der Irisdiagnose 19
Die Irisdiagnose zwischen Naturheilkunde und Schulmedizin 20
Irisdiagnostik bei Augenkrankheiten 23
Irisdiagnostik als Vorsorge 24

Das Auge 25
Aufbau und Funktion 25
Die Regenbogenhaut 27

Die Organkarte 28
Wichtige Grundregeln zur Irisdiagnose 29
Die Lage der Organe auf der Organkarte 31
Organkarte der eigenen Augen im Spiegel 36
Die »normale« Organkarte 38

Die Zeichen und ihre Bedeutung 41
Die Augenfarbe zeigt die Konstitution 41
Helle Regionen 42
Dunkle Regionen 43
Schwächezeichen 44

Die bunten Farbtupfer 45
Die Form der Pupille 46
Die (zu) kleinen Zeichen 47

Geschichte und Praxis der Irisdiagnose 48
Irisdiagnose einst … 48
… und heute 50
Wie ich zur Irisdiagnostik kam 51
Irisdiagnostik in meiner Praxis 53
Irisdiagnostische Untersuchungen 55

Teil 2
Die Diagnose 57

Die Konstitutionenlehre: angeborene Veranlagungen 59
Das dunkelblaue Auge 62
Das stahlblaue Auge 64
Das hellblaue Auge 68
Das graublaue Auge 72
Das grüne Auge 75
Das hellbraune Auge 78
Das dunkelbraune Auge 81
Hilfen für die Zuordnung 84
Die Konstitutionen im Überblick 87
Fragebogen für blauäugige Menschen 88

Die Untergruppen der Konstitutionen 89
Die Bindegewebsbelastung 90
Die Kleinpupille 92
Die Großpupille 94
Der weiße Außenring 96
Die Innenringe 98

Die Dispositionen: erworbene Veranlagungen 100
Die hellen Zeichen 101
Die dunklen Zeichen 103
Die farbigen Auflagerungen 105
Helle Regionen 106
Dunkle Regionen und Schwächezeichen 112
Zeichen in der weißen Lederhaut 122
Die Farbtupfer (Pigmente) 125
Die verschiedenen Farben und ihre Bedeutung 127

Teil 3
Die Behandlung 131

Am Anfang steht die Konstitutionsbestimmung 133

Gesund sein – fit bleiben 136
Die Konstitutions- bzw. Hauptmittel 136
Die Zusatzmittel 140
Die Dosierung 145

Nicht mehr ganz gesund, aber noch nicht richtig krank 147
Das Hauptmittel bei der Behandlung von Symptomen 149
Die Medikamente gegen die Symptome 150
Die Dosierung 151
Wenn es zu viele Mittel werden 153
Zweimal das gleiche Mittel? 156

Die Symptome 158
Allgemeine Symptome 159
Symptome im und am Kopf 162
Symptome in der Brust 181
Symptome im Bauch 186
Symptome im Unterleib 192
Symptome in Armen und Beinen 195
Symptome auf der Haut 197

Teil 4
Service /Anhang 203

Die Tees 205
Die homöopathisch-biologischen Mittel von A–Z 208
Die homöopathisch-biochemischen Mittel von A–Z 215
Die Kosten für eine irisdiagnostische Untersuchung 218
Adressen 219
Literatur 226
Register 227
Der Autor 239

Vorwort

»Ich schau Dir in die Augen, Kleines« – was Humphrey Bogart in den Augen seiner Partnerin Ingrid Bergmann gelesen hat, wissen wir nicht. Daß er um den Zusammenhang von Augenfarbe und Konstitution, Symptomen und Zeichen wußte oder gar um die Möglichkeit, ein »Rezept aus dem Auge« zu lesen, halte ich für sehr unwahrscheinlich. Mit Sicherheit aber war er fasziniert. Und das mit Recht – die Augen sprechen Bände.

An keiner Stelle, nicht einmal bei den Fingerabdrücken, unterscheiden sich die Menschen so sehr wie in ihren Augen. Eine starke Vergrößerung von ihnen erinnert an eine Landkarte. Wie kein Landstrich dieser Erde einem anderen wirklich gleicht, so wenig stimmt eine Regenbogenhaut mit der anderen überein.

Irisdiagnostiker sehen viele Zeichen und haben gelernt, sie zu deuten. Erstaunliches haben sie herausgefunden: Ein gesundes Organ macht keine Zeichen im Auge, wohl aber ein krankes, leistungsschwaches oder akut gefährdetes, aber auch schon das belastete. Und mehr noch: Neben dem Erkennen von gefährdeten Organen kommt noch quasi »augenblicklich« ein Verfahren zum Einsatz, das für jeden Patienten ganz individuell das beste homöopathische Mittel zur Vorbeugung findet. Langjährig eingenommen soll damit die Gesundheit erhalten bleiben und die Entwicklung einer Krankheit hinausgezögert werden.

Mit Hilfe dieses Buches können Sie die Grundzüge der Irisdiagnose lernen und damit Ihren ganz individuellen Weg zur Erhaltung Ihrer Gesundheit finden. Im Therapieteil werden nicht nur eine ganze Reihe von Krankheitszeichen erklärt, sondern Sie erfahren auch, wie sie mit Hilfe der augendiagnostischen Konstitutionsbestimmung und homöopathischer Medikamente behandelt werden können. Falls Sie schon länger unter den beschriebenen Symptomen leiden, die durch klinische Verfahren häufig nicht zu erkennen oder in den Griff zu bekommen sind, sollten Sie auf jeden Fall die Irisdiagnose und ihre Behandlungsmöglichkeiten nutzen.

Die Irisdiagnostik ist keine Zauberei. Sie schenkt uns wertvolle Hinweise für die weitere Diagnostik und die Behandlung von Krankheiten – nicht mehr, aber auch nicht weniger.

Walter Schwarz
Kiel, im Juni 1998

PS. Wenn hier nicht konsequent von Leserinnen und Lesern, Ärztinnen und Ärzten usw. die Rede ist, dann, um einen besseren Lesefluß zu gewährleisten. Selbstverständlich sind mit der grammatikalisch männlichen Form Männer *und* Frauen angesprochen.

Teil 1
In den Augen lesen: die Irisdiagnose

Irisdiagnose zu Hause

Dieses Buch möchte das Interesse für die Irisdiagnose wecken und neue Freunde für sie gewinnen. Irisdiagnose ist nicht nur etwas für Heilpraktikerinnen und Heilpraktiker, Ärztinnen und Ärzte. Jeder, der gesünder leben will, kann mit ihrer Hilfe wertvolle Hinweise gewinnen. Alle Leserinnen und Leser werden nach der Lektüre dieses Buches in der Lage sein, mit Hilfe einer Lupe, einer Taschenlampe und eines Spiegels allein oder zusammen mit einem Partner die jeweilige Konstitution zu erkennen. Mit dem Wissen um die Schwachstellen des Körpers liefert die einfache Betrachtung der Regenbogenhaut zu Hause eine ganze Reihe wertvoller Anregungen für eine erfolgreiche Gesundheitsprophylaxe.

Die übergeordnete Zuordnung der Augen in sogenannte Konstitutionsgruppen geschieht über die Augenfarbe bzw. die Struktur der Regenbogenhaut: dunkelblau = rein lymphatische Konstitution, stahlblau = hydrogenoid, hellblau = harnsauer, graublau = neurogen, grün = Mischkonstitution, hellbraun = biliär, dunkelbraun = hämatogen. Keine Angst, das hört sich zwar kompliziert an, wird aber ganz ausführlich im Teil 2 erklärt. Jeder Mensch wird grundsätzlich einer dieser Gruppen zugeordnet.

Einige weitere angeborene Belastungen können dagegen in allen Augen vorkommen, das heißt sowohl in den blauen als auch in grünen und braunen Augen: die sogenannte Bindegewebsveranlagung, die Groß- oder Kleinpupille, der weiße Außenring und die Innenringe. Augendiagnostiker kennen deshalb neben den Haupt- bzw. Konstitutionsgruppen noch sogenannte Untergruppen.

Diese Irisphänomene gelten als Zeichen für organische oder systemische Leistungsschwächen und Schwachstellen – bieten aber keinen Hinweis auf vorhandene Erkrankungen! Die Entstehung einer Krankheit kann durch entsprechende Belastungen gefördert und der Verlauf einer bereits bestehenden kann verschlimmert werden. Andersherum gilt das natürlich auch: Wer seine Schwachstellen kennt, kann vorbeugen!

Der Vorbeugung und Erhaltung dienen die Konstitutions- und Zusatzmittel, die ausführlich im dritten Teil »Die Behandlung« besprochen werden. Dieser Komplex ist unterteilt in ein Kapitel zur Vorbeugung und Stärkung der potentiellen Schwachstellen; sollten sich bereits Symptome eingestellt haben, so bietet »Nicht mehr ganz gesund, aber noch nicht richtig krank« Hilfestellung – Sie finden dort neben den Konstitutions- und Zusatzmitteln die Symptommittel, individuell abgestimmt. Jeder Mensch kann auf dieser Basis die Schwachstellen seines Körpers bestimmen und unterstützend eingreifen.

In meinen Kursen, die zumeist von Heilpraktikerkollegen und Ärzten besucht werden, glauben viele nach den ersten Tagen, aufgeben zu müssen. Die Materie scheint zu kompliziert; die Zeichen sind häufig so klein. Viele stark unterschiedliche Deutungen bei sehr ähnlichen Phänomenen gilt es, unterscheiden zu lernen. Wie soll da der Laie zu Hause mit einer ganz einfachen Ausrüstung eine auch nur halbwegs verwertbare Augendiagnose erstellen können?

Nach meinen Erfahrungen funktioniert das ganz prima: Haben Sie Mut zur Lücke! Dieses Buch erhebt nicht den Anspruch, die Leserin und den Leser, also Sie, zum perfekten Augendiagnostiker ausbilden zu wollen; es soll auch kein umfassendes Lehrbuch sein, sondern eine klare Anleitung und Einführung in die Grundzüge der Irisdiagnose.

Die hier beschriebene Methode ist nicht geeignet, akute Erkrankungen zu behandeln. Bei erstmalig auftretenden Symptomen kann nur eine intensive Untersuchung durch den Fachmann verhindern, daß der Beginn einer schweren Krankheit übersehen wird.

Die Ratschläge gelten für langfristig bestehende, klinisch eindeutig abgeklärte Symptome, die bisher auf keine Behandlung richtig angesprochen haben.

Das Handwerkszeug

Wenn Sie für den Hausgebrauch Irisdiagnose betreiben, brauchen Sie keine High-Tech-Ausrüstung. Für den Anfang empfehle ich eine Lupe, einen Spiegel und eine Taschenlampe.

In der Regel reicht eine drei- bis vierfache Lupe aus. Bei stärkerer Vergrößerung ist die Brennweite so kurz, daß die Linse zu nah ans Auge herangeführt werden müßte. Lupen mit eingebauter Beleuchtung haben den Nachteil, daß sich mit dem Beleuchtungswinkel nicht spielen läßt. Dadurch lassen sich die Strukturveränderungen in den verschiedenen Schichten der Iris besser erkennen. Eine punktgerichtete moderne Taschenlampe mit Xenon Birne macht ein farbneutrales Licht mit gleichmäßiger Ausleuchtung.

Als Anfänger sollten Sie die Technik mit Lupe und Taschenlampe erst einmal üben. Dabei empfehle ich folgende Methode:

Die Hand mit der Lupe an den Kopf des Patienten lehnen, um ein ruhiges, scharfes Bild zu bekommen. Mit der Taschenlampe aus 20 bis 30 Zentimetern Entfernung leuchten. Die Lichtquelle so halten, daß ihr Widerschein sich nicht in der Pupille, sondern auf der Iris spiegelt; das Auge wird so weniger geblendet, und dem Betrachter, in diesem Fall also Ihnen, bleibt mehr Zeit für seine Diagnose. Mit etwas Übung läßt sich dieser Ablauf schnell beherrschen.

Fangen Sie einfach an! Suchen Sie sich eine Lupe und sorgen Sie für ausreichend Licht. Schauen Sie entweder in den Spiegel, d.h. in die eigenen Augen, oder in die Augen eines Partners. Sie werden verblüfft sein, was Sie alles sehen werden; und wenn Sie erst gelernt haben, die verschiedenen Zeichen zu deuten, werden Sie auf diese Hilfe aus dem Auge nicht mehr verzichten wollen.

Alle Menschen, die gesund sind, sich gesund fühlen und gesund bleiben wollen, bekommen sehr individuelle Hinweise. Die Augen zeigen rechtzeitig zu erwartende Gesundheitsprobleme. Es gilt, diese Zeichen so früh wie möglich in eine vorbeugende, die Gesundheit erhaltende Therapie umzusetzen. Die milden, risikoarmen Mittel der Biochemie oder der Pflanzenheilkunde helfen, frühzeitig die richtigen Weichen zu stellen.

So kann allein die richtige Zuordnung der Augenfarbe bei der Behandlung von jahrelang bestehenden, chronischen Kopfschmerzen entscheidende Hinweise bringen. Zu den unterschiedlichen Farbtypen gehören jeweils bestimmte angeborene Veranlagungen, aus denen sich oft genug die eigentlichen Ursachen für z.B. den Nervendruck im Schädel entwickelt haben. Die korrekte Farbzuordnung führt direkt zur Konstitutionstherapie. Im Teil 3 des Buches (ab Seite 131) sind für alle Typen und Untergruppen Behandlungsempfehlungen zusammengestellt, wahlweise als Tee, als homöopathisches oder als biochemisches Mittel. Dieser Tee oder die entsprechende homöopathische Zubereitung sollen über einen längeren Zeitraum eingenommen die Schwachstellen im Organismus ausgleichen helfen. Damit wird die eigentliche Quelle der Schmerzen nach und nach eingedämmt, die Attacken treten seltener auf, mit geringerer Intensität und kürzerer Dauer. Manchmal verschwinden die Beschwerden ganz und gar. Häufig kann dann z. B. auf Schmerzmittel verzichtet oder zumindest deren Dosierung herabgesetzt werden.

Mit der Irisdiagnose lassen sich die Ursachen aller Symptome hervorragend finden. In den Augen lesen heißt, Krankheitszeichen zu erkennen, lange bevor sich daraus eine Krankheit entwickelt. Wenn der Organismus noch nicht richtig krank ist, aber schon nicht mehr ganz gesund, lesen wir aus den Augen die notwendigen Hinweise für die Behandlung dieses gesunden, häufig trotzdem leidenden Menschen.

Das Auge – ein offenes Buch?

Bei der Irisdiagnose wird der ganze sichtbare vordere Teil des Auges mit in die Untersuchung einbezogen, d. h. Lidrand, die weiße Lederhaut mit den darin eingelagerten Äderchen, die durchsichtige Hornhaut, die farbige Regenbogenhaut und die Linse.

Der Augenhintergrund mit dem Sehnerv, der Netzhaut und der hinteren Augenkammer wird bei der naturheilkundlichen Diagnose nicht ausgewertet. Dafür müßte das Auge mit einem speziellen Medikament präpariert werden, das weder dem Heilpraktiker noch dem Laien zur Verfügung steht. Und außerdem sind in den Zeichen im Hintergrund des Auges nur die Folgen, nicht aber die Ursachen der Grundkrankheit ablesbar.

Der Augenvordergrund, speziell die Regenbogenhaut, wird für die Irisdiagnose zeichnerisch wie eine Landkarte dargestellt. Alle Organe des Körpers finden sich auf dieser Karte an bestimmten Punkten wieder, wobei es ganz erhebliche Unterschiede in den beiden Augen eines Menschen gibt.

Die meisten und die wichtigsten Aussagen erhalten wir durch die vielfältigen Veränderungen in der Regenbogenhaut. Hier finden wir die einzige Stelle im Körper, wo durch die Haut (in diesem Fall die durchsichtige Hornhaut) die darunter liegenden Bindegewebsschichten erkennbar sind.

In der Organkarte wird diese runde Scheibe in genau definierte Abschnitte eingeteilt – die ausführliche Beschreibung finden Sie ab Seite 28.

Wir denken uns die Iris quasi als Zifferblatt einer Uhr. Den Punkt ganz oben ordnen wir 12.00 Uhr zu, ganz unten liegt 6.00 Uhr, links außen 9.00 Uhr und rechts 3.00 Uhr. Von der Mitte nach außen kann die Iris vergleichbar mit einer Zielscheibe in mehrere Ringabschnitte unterteilt werden.

Rund um die Pupille liegt ein deutlich erkennbarer Abschnitt, der bei den meisten Menschen etwa das innere Drittel der Regenbogenhaut bedeckt. Das ist die Magen-Darm-Zone. Hier zeigen sich alle Erkrankungen dieser Organe. Häufig erscheint dieser Bezirk rund um die Pupille farbig völlig anders als der restliche Teil der Iris, in blauen Augen manchmal richtig braun.

Die weiter außen liegenden zwei Drittel der Iris lassen eine deutlich andere Struktur erkennen. Bindegewebige Fasern, die wie kurze, helle Bindfäden aussehen, die Radiären, verlaufen ziemlich gleichförmig von außen in Richtung Zentrum. Sie enden alle innen an der Darmkrause, einem gelegentlich zackigen, aber nie ganz runden Gebilde auf der Grenze zwischen der inneren Magen-Darm-Zone und dem äußeren Bereich (Ziliarfeld).

Im allgemeinen verläuft die Darmkrause trotz ihrer unregelmäßigen Form gleichmäßig um die Pupille herum. Die durch sie erfolgte Eindrittel-Zweidrittel-Unterteilung der Iris ist zwar der Regelfall. Natürlich gibt es Abweichungen: Manchmal liegt dieses ringförmige Gebilde ganz eng um die Pupille. Gelegentlich verläuft es sehr eckig und gezackt weit außen durch die Regenbogenhaut. Wie diese Abweichungen diagnostisch zu beurteilen sind, soll uns vorläufig nicht weiter interessieren.

Augendiagnostiker unterteilen den äußeren Bereich rund um die Darmkrause in eine Reihe weiterer Regionen wie die Lymph-, die Blut-, die Drüsen-, die Muskel- und die Hautregion. Diese Bezirke sind nicht erkennbar voneinander abgegrenzt.

Wenn auch vieles auf den ersten Blick verwirrend scheinen mag: Mit Hilfe der Konstitutionen- und Zeichenlehre und der Organkarten werden Sie sich immer besser in Ihren oder anderen Augen zurechtfinden. »Auge um Auge« werden Sie klarer sehen und sich vor-sehen können bzw. anderen dabei helfen.

Möglichkeiten und Grenzen der Irisdiagnose

Die Kunst der Irisdiagnose

Die Regenbogenhaut, die Iris und die sie umgebende weiße Haut, die Sklera, gleicht einem Kunstwerk. An keiner Stelle, nicht einmal bei den Fingerabdrücken, unterscheiden sich die Menschen so sehr wie in ihren Augen. Eine starke Vergrößerung von ihnen erinnert an eine Landkarte. Wie kein Landstrich dieser Erde einem anderen wirklich gleicht, so wenig stimmt eine Regenbogenhaut mit der anderen überein.

Der Wert und die Aussage eines Kunstwerkes sind nicht durch wissenschaftliche Kriterien bestimmbar. Sie werden interpretiert. Diese Deutungen fallen je nach Betrachter unterschiedlich aus. Wenn die Ausbildung verschiedener Interpreten auf vergleichbar hohem Standard angesiedelt ist, können die Interpretationen näher beieinander liegen.

Genau das finden wir bei der Augendiagnose. Sie ist eine interpretative, eine naturheilkundliche alternative Krankheitsschau. Sie zeigt die ererbten Veranlagungen und die erworbenen Belastungen. Sie zeigt nicht einen akuten Zustand, ob gerade jetzt Schmerz empfunden wird, Fieber vorliegt, ein hoher Blutdruck herrscht oder ein Herzschlag aussetzt. Wir bekommen Informationen über die Schwachpunkte des Organsystems, über die Stelle des Körpers, wo Streß oder Umweltgifte, seelischer Schmerz oder wiederkehrende Infektionen den geringsten Widerstand finden und bleibende Schäden anrichten können.

Eigentlich ist der Begriff Diagnose im Zusammenhang mit der Betrachtung des Augenvordergrundes nicht ganz richtig. Eine Diagnose, so die wissenschaftliche Definition, beinhaltet zweifelsfreie, beliebig wiederholbare Ergebnisse klinischer Untersuchungen, zum Beispiel Laborwerte, EKG oder Ultraschalluntersuchung. Genau das können wir im Auge nicht erkennen: Die Regenbogenhaut des Auges liefert keine meßbaren oder mathematisch exakten Ergebnisse. Wir können keinen Maßstab anlegen oder vergleichbare Werte erzielen. Im Auge läßt sich kein Blutdruck messen, nicht die Höhe der Blutfette ermitteln, die Größe eines Tumors bestimmen oder gar die Zahl der Gallensteine zählen. Ich halte es schlichtweg für unseriös, mit dem Blick durch ein Mikroskop oder eine Lupe genaue Aussagen über die Dauer oder den Schweregrad einer Erkrankung zu machen.

Obwohl also die beiden synonym verwendeten Begriffe Iris*diagnose* oder Augen*diagnose* nicht ganz zutreffen, behalte ich sie in diesem Buch bei, ganz einfach, weil alle, Fachleute und Laien, damit arbeiten.

Die Praxis der Irisdiagnose

Keine einzige klinische Untersuchung oder eben Diagnose kann solche Aussagen über angeborene oder erworbene Organschwächen erbringen wie die Augendiagnose. Ein EKG zeigt den aktuellen Zustand, ob zum Beispiel ein Herzinfarkt vorliegt oder nicht. Selbst der beste Herzspezialist kann mit dem modernsten EKG-Gerät nicht erkennen, ob sich in wenigen Minuten, Stunden, Tagen oder Wochen ein Herzinfarkt ereignen wird. Das Infarktrisiko wird nach äußeren Umständen bemessen. Alter, Geschlecht und Lebensgewohnheiten spielen dabei genauso eine Rolle wie Übergewicht, falsche Ernährung, Alkohol und Nikotin. Über das eventuell anlagebedingte Risiko kann keinerlei Prognose gegeben werden.

In der Iris können wir ganz hervorragend ein eventuell vorhandenes Risiko für einen Herzinfarkt erkennen. Ein gesundes Organ macht keine Zeichen im Auge, wohl aber das kranke, das leistungsschwache oder das akut gefährdete, und auch schon das belastete.

Die Belastung kann in der Iris gesehen werden, bevor sich die ersten klinischen Krankheitszeichen eingestellt haben. Diese Interpretation aus dem Auge kann die Augendiagnose wesentlich früher erbringen, lange bevor die aufwendigste schulmedizinische Untersuchung den ersten pathologischen Befund zeigt. So läßt sich bei dem einen Patienten erkennen, daß bei ihm das Herz – obwohl Raucher – nicht so gefährdet ist wie bei einem anderen – Nichtraucher –, der überdurchschnittlich durchblutungsgefährdete Herzkranzgefäße hat. Oder umgekehrt.

Zu diesem frühen Zeitpunkt reichen im Regelfall die sanften naturheilkundlichen Medikamente und Methoden aus, um vorzubeugen, die Schwachstelle des Körpers zu kräftigen, um so die Entstehung einer schweren, dann häufig nicht mehr zu behandelnden Erkrankung zu unterbinden oder möglichst lange hinauszuzögern.

Ein ganz heikles Thema sind die Zeichen für Tumoren im Auge. Leider habe ich in den Augen meiner Patienten schon viel zu oft welche gefunden. Niemand kann aus den Augen mit letzter Sicherheit eine bösartige Erkrankung diagnostizieren. Aber Hinweise auf deren Entstehung gibt es genug.

Wenn bestimmte Zeichen im Auge einen derartigen Verdacht aufkommen lassen, erkläre ich dem Patienten, daß in seinem Fall meine diagnostischen Methoden nicht genau genug sind und bitte ihn, seinen Hausarzt zu konsultieren. Diesen informiere ich telefonisch über meinen Verdacht. Meine Bitte um klinische Abklärung hat bisher immer Gehör gefunden; noch nie habe ich in diesem Zusammenhang bei den schulmedizinischen Kollegen eine ablehnende Reaktion erfahren.

Mit dem richtigen Konstitutionsmittel kann die Krankheitsentwicklung häufig entscheidend hinausgeschoben werden. Durch eine kontinuierliche augendiagnostische Kontrolle läßt sich in vielen Fällen rechtzeitig erkennen, wenn sich aus der Vorstufe ein Tumor entwickelt.

Die Irisdiagnose zwischen Naturheilkunde und Schulmedizin

Gerade in diesem Jahrhundert hat die Medizin unvorstellbare Fortschritte erzielt. Millionen von Menschen verdanken ihr Leben den Segnungen der modernen Heilkunst. Nichts scheint unmöglich. Selbst Aids könnte aufgrund medizinischer Forschung bald heilbar, zumindest aber kontrollierbar werden. Die Chirurgie und die Pharmazie vollbringen wahre Wunder.

Aber im kleinen hapert es noch. Allergien, Rheuma und Verschleiß, Schuppenflechte, Asthma und Migräne, Ischias, selbst Fußpilz und vieles andere mehr hat die klinische Medizin heute noch nicht besiegt. Ganz im Gegenteil. Viele dieser Leiden nehmen besorgniserregend zu; grundsätzliche Fortschritte sind nicht in Sicht.

Natürlich haben Heilpraktiker und Naturheilärzte auch kein Patentrezept gegen diese Malaisen. Aber unsere alternativen Untersuchungsmethoden und die sanften Verfahren der biologischen Medizin erweitern das Spektrum der Möglichkeiten.

Stellen Sie sich eine Schulklasse vor. Die Schülerinnen und Schüler sind nahezu gleichaltrig und nach eingehender Untersuchung allesamt für gesund befunden. Nun werden alle Schüler im selben Moment mit der gleichen Menge von Grippeviren infiziert. Für alle herrschen praktisch dieselben Bedingungen. Sie haben gemeinsam gefrühstückt. Die Umgebung, die Atmosphäre, die Temperatur ist dieselbe, keiner wird bevorzugt oder benachteiligt.

Jeder der Anwesenden wird eine andere Grippe durchstehen. Manche, aber nicht alle, werden Fieber haben, einige hoch, einige niedrig. Die Temperatur kann Tage dauern, vielleicht nur ein paar Stunden, eventuell auch Wochen. Die unterschiedlichsten Krankheitsverläufe können sich einstellen, von gar nicht betroffen bis zu schwerkrank. Wie ist das möglich?

Klinisch wird darauf kaum eine eindeutige Antwort zu finden sein, zumindest keine, die auch nur annähernd die richtigen Prognosen für den einzelnen Betroffenen geben könnte. Naturheilkundlich betrachtet läßt sich bei diesem Grippe-Beispiel alles recht genau erklären und weitestgehend im voraus bestimmen.

Wir kennen in der alternativen Krankheitslehre nicht nur unzählige verschiedene krankhafte Zustände, sondern gehen im Prinzip vom individuellen Gesundheitszustand eines jeden Menschen aus. Dieser wird zunächst von zwei wichtigen Faktoren geprägt: erstens durch die ererbte Konstitution und zweitens durch erworbene Dispositionen. Genau wie wir geistige oder künstlerische Veranlagungen von Eltern oder Großeltern bei uns oder unseren Kindern wiederfinden können, so bekommen wir auch einen Teil der organischen Stärken oder Schwächen genetisch vererbt. Mit der augendiagnostischen Untersuchung können alle diese angeborenen Schwächen erkannt und zugeordnet werden.

In einzelnen Konstitutionsgruppen werden markante und signifikante Zusammenhänge herausgestellt. Zusätzlich spiegeln sich die erworbenen Dispositionen durch eine Fülle verschiedener Zeichen nachvollziehbar im Auge wider.

Um auf das Beispiel zurückzukommen: Ein Augendiagnostiker hätte die unterschiedlichen individuellen Krankheitsverläufe nicht nur hervorragend erklären, sondern sogar recht genau vorherbestimmen können.

Der zu Fieber veranlagte Schüler wird tatsächlich erhöhte Temperatur bekommen, der Abwehrstarke wird kaum etwas merken. Der Kreislauflabile wird sich geschwächt fühlen und der Lungenbelastete an einer kräftigen Bronchitis erkranken.

So wie sich der diagnostische Blickwinkel elementar unterscheidet, genauso stehen sich die naturheilkundliche und die schulmedizinische Behandlung gegenüber. Grundsätzlich werden alle Patienten unseres Beispiels auf dem klinischen Wege nahezu identisch behandelt. Eventuell unterscheiden sich die Dosierungen oder die Einnahmedauern ein wenig.

Viele Schulmediziner halten es im Grunde für unnötig, neben der klinischen Diagnostik einen anderen Blickwinkel in das Krankheitsgeschehen ihrer Patienten zuzulassen. Alle Untersuchungsergebnisse müssen wissenschaftlich exakt sein, beliebig kontrollierbar und wiederholbar. Für jede einzelne Körperfunktion, für alle Bestandteile des Blutes wurden Normalwerte festgelegt. Die zulässigen gesunden Bereiche für Körpertemperatur, Blutdruck, Cholesterin, Blutzucker und Puls gehören zum Allgemeinwissen. Eine Fülle medizinisch-technischer Untersuchungsverfahren, vom EKG über die Chemie der Körperflüssigkeiten bis zur Ultraschalluntersuchung, gelten als Routine. Alles ist perfekt definiert. Die Diagnose könnte häufig der Computer übernehmen.

Durch ein Riesenaufgebot an High-Tech-Geräten erhalten die Mediziner immer exaktere Ergebnisse. Mikroben werden fotografiert, Moleküle aufgezeichnet und die Rätsel der Gene entschlüsselt. Fast täglich kommen neue, bahnbrechende Erkenntnisse hinzu. Herztransplantationen gehören heute fast zur medizinischen Routine.

Viele Menschen fühlen sich erleichtert, wenn eine chemische oder physikalische Momentaufnahme beim Arzt alle Werte im grünen Bereich erscheinen läßt: Gott sei Dank, ich bin gesund. Ich fühle mich zwar nicht so besonders, aber alles o.k. Also kann ich weitermachen wie bisher. Wirklich?

Die alternative Therapie aufgrund einer Augendiagnose verläuft ganz anders: Die individuelle Veranlagung kann bestimmt werden, lange bevor eine Krankheit ausbricht. Rechtzeitig wird eine vorbeugende Behandlung zum Ausgleich der Schwächen begonnen. Ein Tee, ein biologisches Einzelmittel oder ein homöopathisches Komplexmittel wird empfohlen, damit die einzelnen Abwehrsysteme optimal funktionieren können. Bei einer akuten Erkrankung werden auf diese Weise und mit Hilfe der augendiagnostisch bestimmten Mittel der Verlauf, die Dauer und Intensität nachhaltig zugunsten des Kranken beeinflußt.

Würde in unserem Beispiel jeder Schüler rechtzeitig augendiagnostisch untersucht und auf seine persönlichen Schwachstellen behandelt, würde jeder aus der Klasse die Infektion leichter überstehen – ohne Einnahme nebenwirkungsbeladener Medikamente.

Irisdiagnostik bei Augenkrankheiten

Erkrankungen der Augen selber sind durch die Irisdiagnose nicht ausreichend sicher zu erkennen oder zu unterscheiden. Dafür ist eine besondere technische Ausstattung notwendig, die im Regelfall nur in der Augenarztpraxis vorhanden ist.

Durch das Irismikroskop lassen sich ausschließlich krankhafte Veränderungen im Augenvordergrund erkennen. Dazu gehören Entzündungen der sichtbaren Häute, Einlagerungen in die Linse und Wucherungen. Ohne augenärztliche Ausbildung und Erfahrung kann das Risiko solcher Erkrankungen nicht richtig eingeschätzt werden.

Dabei gilt als Faustregel, daß irisdiagnostische Zeichen sich niemals aus der obersten Schicht der Iris (Kryptenblatt) herausheben, sondern als dünne Schicht flächig erscheinen oder in die Tiefe der Iris gehen. Wenn die Regenbogenhaut irgendwie nach innen oder die Hornhaut nach außen gedrückt erscheint, muß das sofort fachärztlich untersucht werden.

Die allermeisten Augenkrankheiten haben keinen Einfluß auf die irisdiagnostischen Aussagen. Das gilt für Erkrankungen des Glaskörpers, der inneren Häute, Veränderungen der Linse, den grauen und den grünen Star, aber auch für das Schielen oder Hornhautverkrümmungen. Augenoperationen oder tiefe Verletzungen verändern das typische Bild der Iris. Kontaktlinsen können bei der Augendiagnose im Auge bleiben.

Irisdiagnose als Vorsorge

Durch regelmäßige Kontrolle der Augen können rechtzeitig Weichen gestellt werden, die Gesundheit zu erhalten, gar nicht erst richtig krank zu werden. Bei gesunden Menschen sollte optimalerweise in der Schulzeit eine Grunduntersuchung erfolgen, im mittleren Lebensabschnitt reicht eine Kontrolle alle zwei Jahre. Von den Wechseljahren an, spätestens aber im Pensionsalter sollte dieser Intervall nicht mehr als sechs Monate betragen.

Die Irisdiagnose bietet eine phantastische Möglichkeit, rechtzeitig mit den milden Mitteln der Natur Einfluß auf die Gesundheit zu nehmen.

Das Auge

Aufbau und Funktion

Irisdiagnostiker benutzen für die Betrachtung des Auges eine Art Landkarte. Bevor wir uns dieser Einteilung zuwenden können, brauchen wir einige grundlegende Kenntnisse über das Auge.

Fangen wir an mit dem Augapfel. Der Augapfel ist annähernd kugelförmig, hat etwa 2,5 Zentimeter Durchmesser und wiegt knapp zehn Gramm. Seine Wand wird von drei Häuten gebildet. Außen liegt die sehr feste, etwa ein Millimeter dicke weiße Außenhaut (Sklera). Ihr vorderer Teil ist die runde, durchsichtige Hornhaut (Kornea). Durch die mittlere Haut, die Aderhaut (Chorioidea), wird das Auge mit Blut versorgt. Aus ihr entspringt im vorderen Abschnitt die undurchsichtige Regenbogenhaut (Iris). Sie läßt in der Mitte ein Sehloch (Pupille) frei.

Innen an der Aderhaut liegt die Netzhaut (Retina) mit über 100 Millionen Nervenzellen, den Stäbchen und sieben Millionen Lichtsinneszellen, den Zäpfchen. Aus der Netzhaut entspringt der Sehnerv (Nervus opticus), der durch die Aderhaut und die weiße Außenhaut verläuft und das Auge mit dem Hirn verbindet. Dort wo er die Außenhäute durchdringt, befindet sich der blinde Fleck ohne Zäpfchen und Stäbchen. Das Gehirn gleicht das Manko so aus, daß uns diese Stelle, mit der wir nicht sehen können, nicht bewußt wird.

Der flache Raum zwischen Hornhaut und Iris wird vordere Augenkammer genannt. Er ist mit einer wäßrigen glasklaren Flüssigkeit (Kammerwasser) gefüllt, das sich andauernd reinigt und erneuert.

Hinter dem Sehloch liegt die elastische, glasklare Linse. Sie wird durch einen speziellen Halteapparat und feine Aufhängefasern in ihrer Lage gehalten. Das Innere des Augapfels, der Glaskörper, ist mit einer durchsichtigen, gallertartigen Masse gefüllt. Auf diese Weise wird das einfallende Licht zwischen Linse und Netzhaut optisch nicht gebrochen. So kann es ohne verzerrende Abweichung durch das ganze Auge dringen.

Über mehrere Muskeln ist der Augapfel in allen Richtungen beweglich, so daß er ein Objekt unabhängig von der Kopfhaltung verfolgen kann.

Das Auge

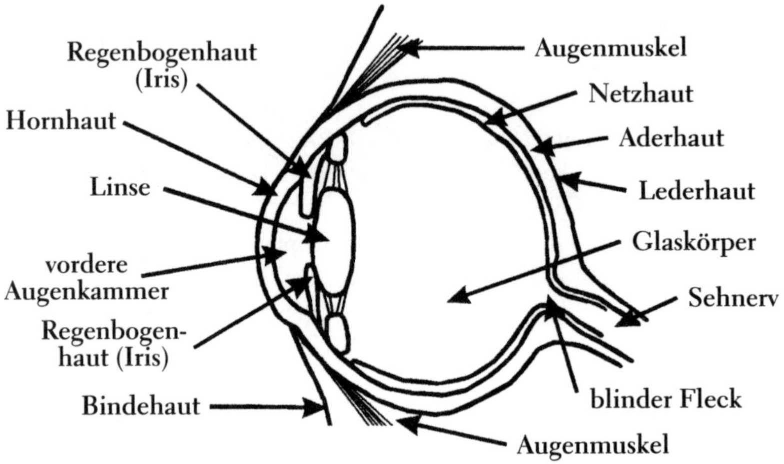

Das Funktionsprinzip jeder Kamera gleicht dem eines Auges. Das Licht eines Bildes gelangt durch die glasklare Hornhaut in die vordere Augenkammer und weiter zur elastischen Linse. Durch Dehnung oder Streckung verändert der Ringmuskel im Halteapparat die Dicke und damit die Brennweite der Linse so, daß unabhängig von der Entfernung des Objektes das Bild auf der Rückseite des Glaskörpers immer scharf eingestellt ist.

Die Lichtmenge im Auge wird mit der Blende wie bei einer Kamera geregelt. Diese Funktion übernimmt die Regenbogenhaut mit dem Ringmuskel um die Pupille. Bei wenig Licht öffnet, bei viel Licht schließt sie sich.

Die Regenbogenhaut (Iris)

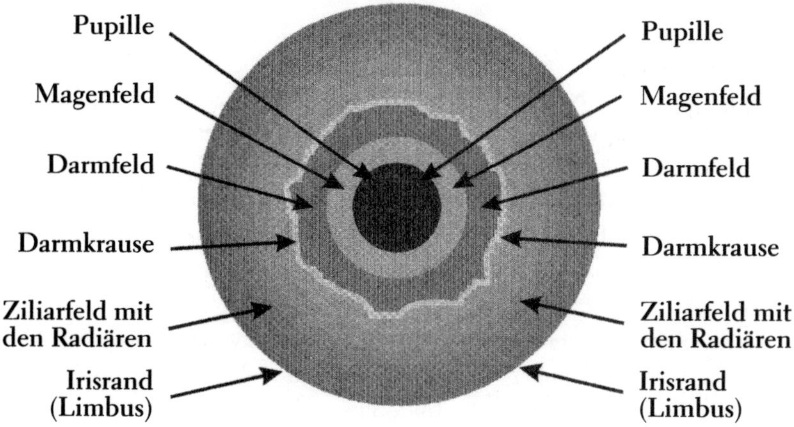

Die Regenbogenhaut

Dieses für die Augendiagnostik so interessante runde Häutchen verdankt den Namen seiner Farbvielfalt und seiner Form. Die Regenbogenhaut oder Iris ist eine feine Membran, die aus zwei Schichten besteht, dem hinteren Basisblatt und dem vorderen Kryptenblatt. Sie erscheint blauschwarz, wenn die Basis wenig Farbpigmente enthält. Mit der Zahl der Pigmente wechselt ihr Farbton ins Braune.

In der vorderen Schicht sehen wir die weißen, fächerförmig von der Mitte nach außen strebenden radialen Fasern (Radiären). Sie bilden die Struktur der Regenbogenhaut (Stroma), die in fünf Schichten übereinander liegen kann.

Die Iris wird von der Darmkrause in zwei Areale geteilt: dem inneren Abschnitt um die Pupille mit der Magen-Darm-Region und dem weitaus größeren Gebiet mit den Radiären außerhalb der Krause (Ziliarfeld). Der Außenrand der Iris wird Limbus genannt.

Die Organkarte

Es ist verblüffend, wie viele unterschiedliche Organkarten im Umlauf sind. Viele bekannte Irisdiagnostiker haben ihre eigene Topographie gezeichnet; doch im wesentlichen sind diese Karten deckungsgleich. Nur ganz selten werden Organzeichen an deutlich unterschiedlichen Stellen angenommen. Weil die Grenzen der einzelnen Gebiete nicht eindeutig festliegen und sich überlappen können, ist jede zeichnerische Lösung unvollkommen. Es gilt, einen Kompromiß zu finden zwischen einer möglichst exakten Zeichnung und einer besonders übersichtlichen.

Das Problem der genauen Darstellung rührt daher, daß – außer bei Magen und Darm – keine gesunden, sondern nur die erkrankten Organe sichtbare Zeichen in den Augen hinterlassen. Ein gesundes, unbeschädigtes und normal funktionierendes Organ macht keine Zeichen in der Iris.

Der exakte Entstehungsort bestimmter Irisphänomene kann etwas variieren; er liegt nie punktgenau an derselben Stelle. Zudem kann sich das Zeichen in der Struktur der Iris sehr unterschiedlich entwickeln. Die gleiche krankhafte Situation produziert bei verschiedenen Menschen im Auge ähnliche Zeichen von unterschiedlicher Größe.

Die Größe gibt dabei keinerlei Aufschluß über das Ausmaß einer Erkrankung, d. h. auf keinen Fall kann man aus einem besonders großen Zeichen auf eine starke Erkrankung schließen und aus einem kleinen auf eine leichte. Der Schweregrad einer Krankheit läßt sich weder durch die Zeichengröße, noch durch deren Anzahl direkt aus dem Auge ablesen.

Grundsätzlich entstehen durch jede kranke oder eingeschränkte Funktionseinheit des Körpers Zeichen im Auge. Alle kranken oder gestörten Körperteile lassen sich dabei durch ein Mikroskop erkennen und zuordnen, wie zum Beispiel die Mandeln, die Nebennieren, der Blinddarm, das Kleinhirn und die großen Gelenke.

Frauen und Männer haben im Auge die gleiche Organeinteilung. Die geschlechtsspezifischen Organe machen bei Erkrankungen keine unterschiedlichen Zeichen.

Wichtige Grundregeln zur Irisdiagnose

Regel 1:

Im Auge zeigen sich nur belastete oder erkrankte Organe. Dazu zählen:

- alle Funktionsorgane des Körpers wie Niere, Leber, Bauchspeicheldrüse, alle anderen Drüsen, Herz, Milz, die Geschlechtsorgane, Lunge, Darm, Magen, Großhirn, Kleinhirn usw.
- alle Hohlorgane wie Harnblase, Gallenblase, Mundhöhle, Nasennebenhöhlen, Bronchien, Blinddarm usw.
- einzelne Abschnitte des Skeletts wie Wirbelsäule, Hüft- und Kniegelenke, Arme, Beine usw.

Regel 2:

Die Organe der rechten Körperhälfte finden wir im rechten Auge (z. B. Leber und Galle), die der linken im linken Auge (z. B. Herz, Milz). Paarig angelegte Organe können in beiden Augen Zeichen hinterlassen (z. B. Nieren, Eierstöcke, Nasennebenhöhlen).

Regel 3:

Die obere Körperhälfte liegt im oberen Teil der Iris (z. B. Gehirn, Nase, Kiefer), die untere entsprechend unten (z. B. Harnblase, Hüftgelenke, Beine). Das zur Mitte im Rumpf Liegende findet sich an der Innenseite des Auges zur Nase (z. B. Stirn, Luftröhre, Harnblase), das im Körper Außenliegende dementsprechend außen (z. B. Ohren, Arme, Nieren).

Regel 4:

Es gibt Ausnahmen: Magen, Dünn- und Dickdarm, die Haut und die Bauchspeicheldrüse weichen von den oben genannten Regeln ab.

In diesem Buch finden Sie zwei verschiedene Organkarten – eine für die eigenen Augen, und eine – »normale« – für die Augen anderer Menschen. Der Begriff Organkarte ist zwar nicht ganz gebräuchlich, aber für den Laien verständlicher. Augendiagnostiker nennen diese Karte üblicherweise »Topographie«.

Organkarte der eigenen Augen

Eine Organkarte der eigenen Augen ist eine ungewöhnliche Karte – sie zeigt Ihre Augen so wie Sie sie im Spiegel sehen. Dabei liegen alle Zeichen seitenverkehrt. Bei den meisten Organen, d. h. den paarig vorhandenen oder bei den in der Körpermitte liegenden, fällt das nicht weiter auf, weil sie in beiden Augen symmetrisch vorkommen. Sie sind scheinbar an der gleichen Stelle geblieben. Nur die einseitig vertretenen Organe liegen plötzlich ganz woanders. Merken Sie sich die Position von Leber, Milz, Herz, Enddarm sowie Magenein- und -ausgang. Achten Sie stets genau darauf, welche Organkarte Sie benutzen.

Die »normale« Organkarte

Die zweite ist die »normale«, die allgemein übliche, typische Karte für die Augen aller anderen Menschen. Normalerweise schaut man sich die Augen der anderen Menschen an. Dabei sitzt der »Betrachter« bei der Diagnose immer mit dem Gesicht zum »Patienten«, so daß der Betrachter das rechte Auge des Patienten auf der linken Seite hat und das linke auf seiner rechten. Alle Organkarten sind aus dieser Perspektive gezeichnet.

Eine zu detaillierte Organkarte kann auf irisdiagnostische Neueinsteiger abschreckend wirken. Deshalb beschränken sich die Karten in diesem Buch auf die großen Organe, bei denen besonders deutliche Zeichen entstehen können. Damit werden die Positionen der Organe in der Iris erläutert, deren Erkrankung besonders aufschlußreiche und gut zu erkennende Hinweiszeichen macht.

Die irisdiagnostische Beurteilung des Gehirns und der oberen Kopfhälfte ist besonders schwierig, weil hier viele wichtige Organe auf engstem Raum liegen. Aus diesem Grund vernachlässigen wir den Abschnitt zwischen 10.00 und 2.00 Uhr in beiden Augen auf der Organkarte.

Die Lage der Organe auf der Organkarte

Im folgenden Abschnitt wird die Position aller eingezeichneten Organe auf der Organkarte in alphabetischer Reihenfolge aufgeführt. Die Zeichen müssen so liegen, wie hier beschrieben, sonst gehören sie zu einem anderen Organ:

Bauchspeicheldrüse

Sie hat in jedem Auge zwei Hauptpunkte, jeweils bei 4.00 und 8.00 Uhr im rechten und im linken Auge und vier Nebenpunkte in beiden Augen bei 2.00 und 10.00 Uhr immer genau auf der Darmkrause. Die Nebenpunkte sind nicht in der Organkarte eingezeichnet. Alle Zeichen, die in der unteren Hälfte der Iris von der Darmkrause umschlossen werden, können zur Bauchspeicheldrüse zählen.

Beine

Sie liegen in beiden Augen in einem schmalen Sektor vom Limbus bei 6.00 Uhr Richtung Pupille bis an die Darmkrause. Das Kniegelenk liegt auf diesem Band in der Mitte des Ziliarfeldes.

Bronchien

Sie liegen in beiden Augen in einem schmalen Sektor vom Limbus Richtung Pupille bis knapp an die Darmkrause. Rechts bei 9.00, links bei 3.00 Uhr. Dieser Sektor liegt innerhalb des Lungensektors.

Brust

Ihre Position liegt in beiden Augen auf einem Fleck unterhalb der Bronchien innerhalb des Lungensektors außen im Ziliarfeld. Sie berührt dabei nie den Limbus. Rechts bei 8.45, links bei 3.15 Uhr.

Darm

Der Darmsektor liegt in beiden Augen als ganzer Ring innerhalb der Darmkrause, nach innen von der Magenzone begrenzt. Die obere Hälfte entspricht dem Dickdarm. Im rechten Auge liegt außen der aufsteigende, auf beiden Seiten oben der querliegende und im linken Auge außen der absteigende Dickdarm. Der Enddarm liegt als schmales Band nur im linken Auge bei 6.45 Uhr zwischen Limbus und Darmkrause. Die untere Hälfte der Darmzone entspricht dem Dünndarm.

Eierstöcke / Hoden

Ihre Position liegt auf einem Fleck in beiden Augen in der äußeren Hälfte des Ziliarfeldes, rechts bei 6.30, links bei 5.30 Uhr. Sie berühren nie den Limbus.

Gallenblase

Sie ist nur im rechten Auge zu finden. Sie liegt auf einem großen Fleck bei 7.30 Uhr unmittelbar außerhalb der Darmkrause. Gallenzeichen berühren immer die Darmkrause, ohne von ihr eingeschlossen zu sein. Der Bauchspeicheldrüsenpunkt daneben liegt grundsätzlich ein wenig höher direkt auf der Darmkrause. Die Gallenwege liegen in der Mitte des Ziliarfeldes zwischen Gallenblase und Leber, ebenfalls bei 7.30 Uhr im rechten Auge.

Gebärmutter

In beiden Augen ein Fleck in der äußeren Hälfte vom Ziliarfeld, ohne den Limbus zu berühren. Rechts bei 5.30, links bei 6.30 Uhr.

Harnblase

Sie liegt in beiden Augen als eine Art breites Tortenstück an der Darmkrause, manchmal innerhalb eines übergroßen Nierensektors. Rechts zwischen 4.30 und 5.00 Uhr, links zwischen 7.00 und 7.30 Uhr.

Haut

Die Hautregion liegt als Ring außen unmittelbar am Limbus in beiden Augen rund um die Iris. Sie ist meist deutlich schmaler als ein Viertel der Breite vom Ziliarfeld. Diese Region ist in der Organkarte nicht gekennzeichnet.

Herz

Der Herzsektor liegt als breites Tortenstück im linken Auge zwischen 2.00 und 3.00 Uhr. Bei Menschen mit einer Bindegewebsschwäche oder bei ausgeprägter Herzmuskelvergrößerung kann sich der Sektor bis 4.00 Uhr hinunterziehen. Herzzeichen liegen immer direkt an der Darmkrause. Die Herzkranzgefäße liegen auf der Darmkrause zwischen 1.30 und 3.00 Uhr. Die Aorta findet sich als schmales Band in der inneren Hälfte des Ziliarfeldes bei 1.30 Uhr an der Darmkrause. Das sogenannte rechte Herz liegt als sehr viel kleinerer Sektor im rechten Auge bei 10.00 Uhr direkt an der Darmkrause, denn auch im Körper liegt nur ein ganz kleiner Teil des Herzens über die Mitte hinaus rechts.

Leber

Der Lebersektor liegt als Ellipse mit spitzen Enden im rechten Auge zwischen 6.45 und 8.15 Uhr direkt am Limbus. Nach innen ist er selten breiter als ein Drittel des Ziliarfeldes.

Luftröhre

Sie liegt in beiden Augen als schmales Band zwischen Darmkrause und Limbus. Im rechten Auge bei 2.50, im linken bei 9.10 Uhr.

Lunge

Sie liegt als großes Tortenstück in beiden Augen zwischen Darmkrause und Limbus, im rechten zwischen 8.30 und 10.15 Uhr, im linken zwischen 1.45 und 3.30 Uhr. Die Zeichen enden innen grundsätzlich ein Stück vor der Darmkrause und außen vor dem Limbus.

Magen

Er liegt in beiden Augen als ganzer Ring unmittelbar um die Pupille, nach außen deutlich sichtbar zum Darmbereich abgegrenzt. Der Mageneingang liegt als schmales Band zwischen Pupille und Darmkrause über dem Darmsektor hinweg im linken Auge bei 9.00 Uhr, der Magenausgang entsprechend im rechten Auge bei 8.00 Uhr.

Mandeln

Sie liegen als relativ kleiner Fleck in beiden Augen oberhalb der Luftröhre in der Nähe der Darmkrause, ohne diese zu berühren, im rechten Auge bei 2.45, im linken bei 9.15 Uhr.

Milz

Der Milzsektor liegt als Ellipse quer über die Radiären im linken Auge zwischen 3.45 und 4.30 Uhr direkt am Limbus. Er ist nie sehr breit und bedeckt selten mehr als das äußere Drittel des Ziliarfeldes.

Nasennebenhöhlen

Sie liegen als kleine Flecke mitten im Ziliarfeld, im rechten Auge um 2.00 Uhr herum, im linken um 10.00 Uhr herum. Die Stirnhöhle liegt als kleiner Fleck am Limbus bei 0.45 im rechten und 11.15 Uhr im linken Auge.

Nieren

Der Nierensektor liegt als großes Tortenstück in beiden Augen zwischen Darmkrause und Limbus, im rechten zwischen 4.30 und 7.00 Uhr, im linken zwischen 5.00 und 7.30 Uhr. Die Zeichen berühren immer die Darmkrause und schieben sie häufig etwas nach innen. Der höchste Punkt der vom Nierensektor hochgedrückten Krause ist rechts bei 5.50, links bei 6.10 Uhr. Genau hier liegt meist der Mittelpunkt des Nierensektors.

Nierenbecken

Sie liegen als schmaleres Tortenstück außen direkt neben dem Nierensektor an die Darmkrause angelegt, im rechten Auge bei 7.00, im linken bei 5.00 Uhr.

Prostata

Sie liegt als kleiner Fleck auf dem Harnblasensektor unmittelbar an, d.h. fast auf der Darmkrause, im rechten Auge bei 4.45, im linken bei 7.15 Uhr. Bei Frauen sind Zeichen an dieser Stelle der Blase zuzuordnen.

Organkarte der eigenen Augen im Spiegel

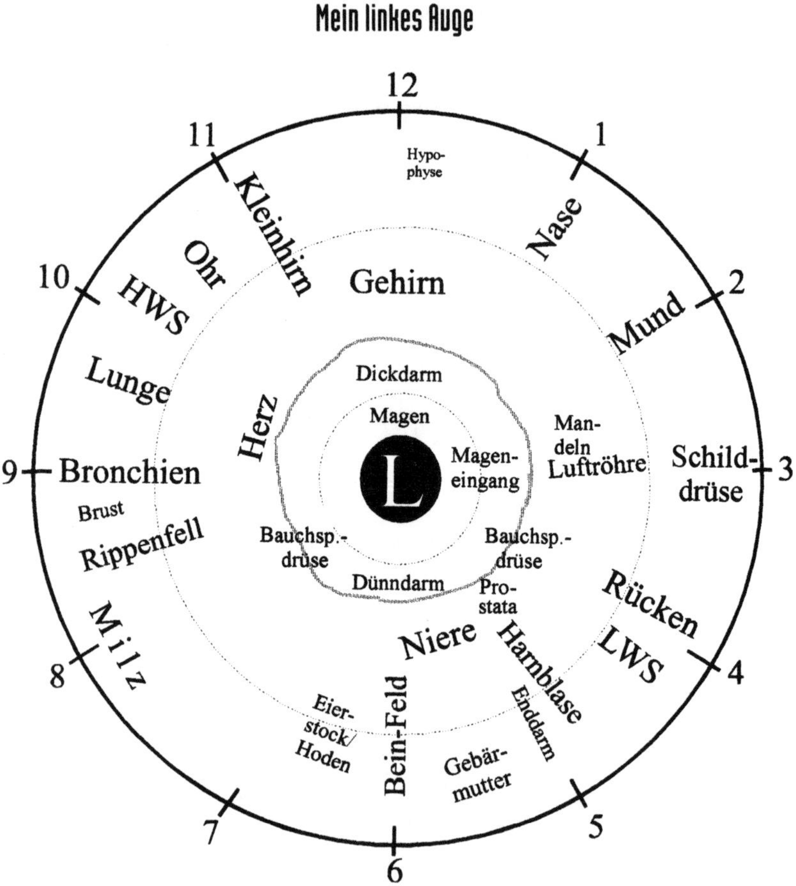

Mein rechtes Auge

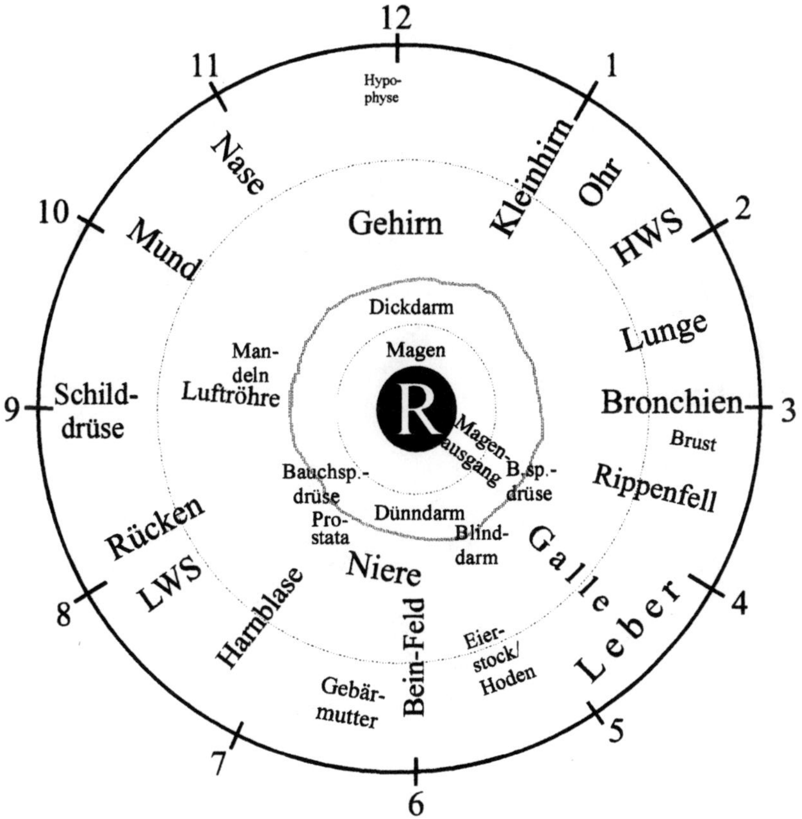

Die »normale« Organkarte

Das rechte Auge

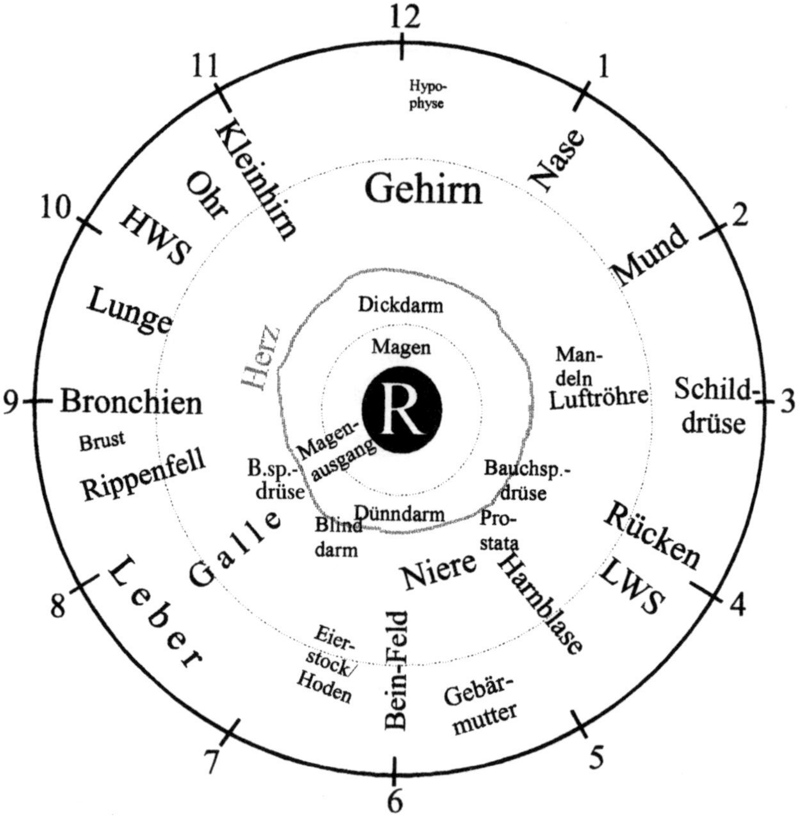

Das linke Auge

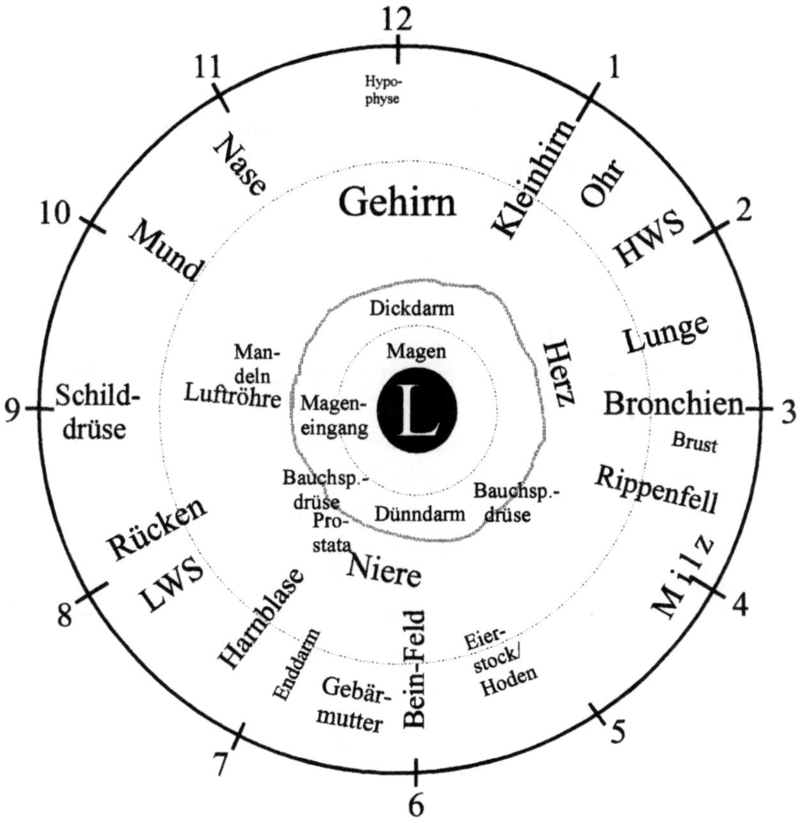

Rippenfell

Es liegt als schmales Band in beiden Augen direkt unterhalb des Lungensektors zwischen Limbus und Darmkrause, im rechten Auge bei 8.30, im linken bei 3.30 Uhr.

Wirbelsäule

Sie zeigt sich besonders deutlich durch eine Veränderung der kreisrunden Pupillenform: Der Rand der Pupille erscheint im betroffenen Sektor zur Mitte eingedrückt. Die Halswirbelsäule liegt in beiden Augen bei 1.30 und 10.30 Uhr, Brust- und Lendenwirbelsäule jeweils bei 4.30 und 7.30 Uhr.

Der Vollständigkeit halber enthält die Organkarte weitere Organe, deren genaue Zuordnung jedoch wesentlich schwieriger ist. Ihre Positionen in der Regenbogenhaut können sich überlagern, die Abgrenzung zum benachbarten Organgebiet kann verschwommen und undeutlich sein. Eine Fülle unterschiedlicher, häufig sehr kleiner und unauffälliger Irisphänomene muß unterschieden werden. Dazu gehört eine fundierte umfassende Ausbildung und viel Erfahrung.

Wenn Sie weitere Zeichen in den Augen lesen, die erklärt und diagnostiziert werden sollen, suchen Sie bitte einen kompetenten Augendiagnostiker auf. Im Serviceteil des Buches (siehe Seite 219) finden Sie hilfreiche Adressen.

Die Zeichen und ihre Bedeutung

Mit Lupe, Taschenlampe (und eventuell Spiegel – für die eigenen Augen) sind im Auge viele verschiedene Zeichen erkennbar. Nach der Lektüre dieses Buches können Sie die großen allgemeinen Hinweiszeichen ausreichend genau unterscheiden – »in den Augen lesen« – und deuten.

Die Augenfarbe zeigt die Konstitution

Als wichtigstes Grundzeichen überhaupt gelten die Konstitutionstypen der Iris. Mit dieser Einteilung wird die individuelle Grundbelastung des einzelnen Menschen schematisch erfaßt und die therapeutische Grundrichtung festgelegt.

Die Konstitution ist angeboren und unveränderlich. Sie läßt sich aus der Farbe und der Gesamtstruktur der Regenbogenhaut bestimmen. Bei der Geburt sind die typischen Merkmale noch nicht als Zeichen im Auge ausgeprägt. In den ersten Lebensjahren entwickelt sich die Iris und bildet die spezifischen Zeichen ihrer Veranlagung heraus, bei einigen Kindern früher als bei anderen; meiner Erfahrung nach erzeugen bestimmte Krankheiten, wie z. B. Nesselfieber und Milchschorf, Irisphänomene, die eine besonders frühzeitige Zuordnung der Konstitution ermöglichen. Normalerweise haben sich die Augen bis zum zehnten Geburtstag fertig entwickelt.

Wir unterscheiden sieben Hauptgruppen auf Grund der Augenfarben und fünf Untergruppen. Jeder Mensch trägt die wesentlichen Merkmale *einer* Hauptgruppe in sich. Die Untergruppen können einzeln oder in allen Kombinationen in jedem Augentyp auftreten.

Durch die Konstitutionen erkennen wir die ererbten Veranlagungen des Menschen, sowohl die positiven als auch die negativen, die organspezifischen und sogar die charakterlichen Grundmerkmale dieses Typs.

Häufig ergibt sich in der Praxis das Problem, daß sich im Auge eines Patienten die Charakteristika mehrerer Konstitutionen zeigen. Hier gilt es,

Prioritäten zu erkennen. Wenn das aus der Iris allein nicht eindeutig möglich erscheint, vergleichen Sie unter Umständen die Symptome mit den typischen Krankheitszeichen der Konstitutionsgruppen. Dadurch wird die Zuordnung in den meisten Zweifelsfällen erleichtert. Jeder Mensch sollte letztlich nur einer Gruppe zugeordnet werden.

Um Ihnen die Einteilung auch in schwierigen Fällen zu ermöglichen, finden Sie auf Seite 88 einen Fragebogen. Mit seiner Hilfe läßt sich in Zweifelsfällen bei den blauen Augen die Konstitution zuverlässig ermitteln.

Für die vielen Zeichen, die wir mit der Lupe oder mit dem bloßen Auge erkennen können, gelten ein paar einfache Grundregeln.

Helle Regionen

Eine Helligkeit zeigt einen langfristigen entzündlichen Prozeß an. Hell bedeutet augendiagnostisch immer Reiz oder Entzündung: Ein unterschwellig vorhandener Prozeß kann aktiv werden, gereizt, entzündet oder am betroffenen Organ schmerzend. Die hellen Zeichen sind reversibel, sie können sich zurückbilden. Die Entzündung, der Schmerz kann mit der Behandlung verschwinden und damit auch das Phänomen im Auge.

Alle hellen Zeichen breiten sich zwischen der Darmkrause und dem äußeren Rand der Regenbogenhaut aus, innen an der Darmkrause meist sogar heller und schmaler als außen. Sie können als helle, silbrig oder grellweiß scheinende Flecken auftreten, wie ein kleiner Wattebausch, allein oder in Grüppchen, als weißer Streifen von außen nach innen, geradlinig, gewunden oder gezackt. Die Magen-Darm-Zone reagiert ein wenig anders: Die hellen Flächen sind dort größer, meist gleichmäßig um die ganze Pupille herum. Sie bedeuten aber genauso Entzündung oder Schmerz.

Eine einmalige, kurze Entzündung macht noch kein Zeichen im Auge. Erst die sich wiederholende, chronisch aufflackernde Organreizung wird in der Regenbogenhaut sichtbar. Im Regelfall werden helle Bereiche im Laufe der Jahre ohne Behandlung langsam dunkler. Die Entwicklung dieser Zeichen vom Hellen (akute Entzündung) zum Dunklen (chronische

Erkrankung) läßt sich augendiagnostisch gut verfolgen. Damit zeigt sich, wie das ständig überreizte, entzündete Gewebe seine Leistungsfähigkeit verliert. Es degeneriert (bildet sich zurück) und wird insuffizient (leistungsschwächer).

Aus der Größe der weißlich schimmernden Regionen läßt sich kein Rückschluß auf die Intensität der Entzündungen oder deren Dauer ziehen. Auch kleine Zeichen können einen schweren krankhaften Zustand widerspiegeln.

In blauen Augen erscheinen die hellen Zeichen klar und eindeutig weißer als in hellgrünen oder hellbraunen. Die weißen leuchtenden Zeichen liegen auf der tiefsten sichtbaren Schicht der Iris. Flächige Farbablagerungen und kleine Farbtupfer bereiten sich darüber aus und können sie überdecken. Bei der dunkelbraunen Iris bleibt von diesen Entzündungszeichen meist nichts mehr sichtbar; dadurch wird die Irisdiagnose in ihnen erheblich erschwert. In den hellbraunen und den hellgrünen Augen leuchten diese Hinweise für akute Erkrankungen durch die überlagerten dünneren Farbschichten, aber nicht immer im reinen Weiß, sondern entsprechend der Überlagerung farbig abgetönt.

Dunkle Regionen

Form und Ausdehnung dieser Regionen ähneln in Größe und Aussehen den eben beschriebenen helleren Bereichen. Sie können sich flächig über ein ganzes Organsystem ausbreiten oder als kleine dunkle, wie verwischte Stelle erscheinen. Es gibt keine schwarzen Radiären. Dunkle Gebiete können sich innerhalb, auf, oder außerhalb der Darmkrause bilden; meist sind sie auf einen Organabschnitt beschränkt. Zum Außenrand der Regenbogenhaut hin erscheinen diese Zeichen meist ein wenig dunkler als an der Darmkrause. Im Regelfall können sie eindeutig einem Organ zugeordnet werden.

Dunkle Gebiete in der Iris bedeuten Degeneration (Gewebsrückbildung) oder Leistungsverlust. Die Entzündungsphase ist endgültig vorüber; das Organ wird insuffizient (leistungsschwächer). Dieser Zustand kann auch durch Behandlung nicht aufgehoben, sondern nur ausgeglichen werden.

Ein dunkles Zeichen im Auge bleibt dunkel. Es ist niemals reversibel (rückführbar). Die Leistungsfähigkeit des Organs muß lebenslang medikamentös unterstützt werden.

Aus der Größe des Zeichens läßt sich nicht auf den Schweregrad der Krankheit schließen; allenfalls kann aus dem Grad der Abdunklung eine Aussage über die bisherige Entwicklung abgeleitet werden.

Helle oder dunkle Gebiete lassen sich am besten mit einer Lupe erkennen und in der Organkarte richtig zuordnen. Wer einmal die Möglichkeit hat, in ein Mikroskop zu blicken, läßt sich bei der starken Vergrößerung leicht durch die vielen kleinen, erst jetzt sichtbaren Zeichen von den großen Strukturveränderungen ablenken. Deshalb ein kleiner Trick: Stellen Sie für die erste Übersicht das Mikroskop bewußt unscharf. Die kleinen Zeichen verschwinden im verwischten Bild. Die hellen und die dunklen Regionen werden markanter. Damit wird sofort klar, welche Organe besonders genau beachtet sein sollten.

Schwächezeichen

Zu den gut sichtbaren Zeichen im Auge gehören die Lakunen, das sind Schwächezeichen, die an ausgestanzte Löcher erinnern. Sie können rund aussehen, oval, spitz zulaufen, völlig geschlossen sein oder halbseitig geöffnet. Der Rand wird aus einer Verklebung der bindegewebigen Fäden gebildet und erscheint meist ein wenig aufgeworfen.

In der Mitte sind diese Lakunen dunkler als die äußere Umgebung. Sie können innen fast schwarz aussehen oder noch einige wenige Bindegewebsfasern enthalten. Ein dicker weißer Faden der Länge nach hindurch gilt als Aktivierungszeichen: Der Krankheitsverlauf geht von einer statischen in eine dynamische Phase über.

Eine Lakune bedeutet noch keine Krankheit; sie signalisiert Leistungsverlust. Dabei können die Laborwerte (noch) völlig in Ordnung sein. Im klinischen Sinne wird das betroffene Organ vielleicht (noch) als gesund bezeichnet. Naturheilkundlich offenbart sich eine Schwachstelle, die Überbelastungen nicht so widerstehen kann wie die anderen unbelasteten Organe.

Lakunen verschwinden nicht aus dem Auge; sie bilden sich nicht zurück. Über die Jahre vergrößern sie sich unter Umständen langsam und dunkeln in ihrem Inneren weiter ab. Ihre Zahl wird nie weniger, allenfalls mehr. Aus dieser Veränderung läßt sich nicht auf den Schweregrad, höchstens auf die bisherige Dauer der Erkrankung schließen.

Die bunten Farbtupfer

Der vordere Abschnitt der Lederhaut über Iris und Pupille ist durchsichtig. Hier finden wir die einzige Stelle im Körper, die uns direkten Einblick in das tiefer liegende Bindegewebe gewährt. Nur in der Regenbogenhaut lassen sich Ablagerungen erkennen, die sich durch Stoffwechselbelastungen oder Ausscheidungsprobleme angesammelt haben. Die Hornhaut des Auges ist das einzige Fenster im Körper mit freiem Blick auf das Bindegewebe. Wäre dieser Blick ins Gewebe auch an anderen Stellen des Körpers möglich, ließen sich auch dort Farbtupfer wie in der Iris finden.

In allen Konstitutionsgruppen bilden sich diese farbigen Ablagerungen, auch Pigmente genannt. Besonders bei den braunen und den hellbraunen, gelegentlich aber auch bei den blauen Augen können sich großflächige, markante Farben bilden. Bei den blauen Augentypen bleiben die Farbtupfer häufig so klein, daß die Farbzuordung durch die Lupe nicht ganz einfach ist.

Die Pigmente sind keine direkten Krankheitszeichen. Durch ihre Farbe verweisen sie auf die Funktionseinschränkung bestimmter Organe oder auf eine Stoffwechselschwäche.

Die Größe und die Intensität dieser Farbkleckse können zunehmen, aber nicht mehr zurückgehen. Lassen Sie sich auf keinen Fall von der Zahl der Pigmente irritieren! Einem einzelnen kleinen Tupfer kommt die gleiche diagnostische Bedeutung zu wie einem großen Nest farbiger Ablagerungen. Weder der Schweregrad, die Dauer oder der augenblickliche Zustand der Krankheit läßt sich aus Form, Zahl oder Größe der Farbtupfer ablesen.

Die Pigmente entstehen rundherum auf dem Iris-Areal. Sie werden in der Regel durch ihre Farbe, nicht durch ihre Lage einem Organ zugeordnet. Einzeln auftretende Farbtupfer werden Solitärpigment genannt. Liegt ein solches Einzelstück an dem Punkt der Organkarte, der dem farblich zugeordneten Organ entspricht, wird es diagnostisch berücksichtigt. Ein solcher ortsgebundener Farbtupfer gilt als Hinweis für eine organische Schwachstelle: Wenn sich z.B. braune (leberbezogene) Pigmente irgendwo in der Regenbogenhaut bilden, gelten sie lediglich als sichtbare Ablagerung des Stoffwechsels. Bilden sie sich auf dem Lebersektor der Organkarte, müssen sie als Zeichen einer Leber-Belastung gewertet werden.

Über vierzig verschiedene Farbnuancen lassen sich unterscheiden. Die Unterschiede sind manchmal so gering, daß sie nur mit Hilfe des Mikroskops und durch langjährige Erfahrung eingeordnet werden können. In diesem Buch werden sie etwas vereinfachend zu farblich ähnlichen Gruppen zusammengefaßt.

Die Form der Pupille

Die Pupille im Zentrum der Iris ist nur selten kreisrund. Die Vielzahl der möglichen Abweichungen von der kreisrunden Form ist so groß, daß ihre genaue Erklärung innerhalb der augendiagnostischen Lehre einen breiten Raum einnimmt: Jede Abweichung von der Kreisform ist augendiagnostisch von Interesse. Selbst die Struktur des Pupillenrands und mikroskopisch feine Ablagerungen in der Linse können diagnostisch verwertbare Hinweise geben.

Symmetrische Ellipsen, Strukturveränderungen des Pupillenrandes oder Abflachungen der Kreisform in beiden Augen bringen Aussagen über Blutdruck, Schlaganfallgefährdung, Kreislaufprobleme, asthmatische Veranlagungen oder Wirbelsäulenprobleme. Unsymmetrische Veränderungen in einem der Augen führen uns häufig zu einem geschwächten Organ, denn die Pupille verformt sich nur dort, wo sich in der Organkarte eine belastete Region zeigt. Bei Ablagerungen in der Linse muß mit Steinen in der Galle oder im Harnsystem gerechnet werden.

Die (zu) kleinen Zeichen

Das Ziel des Buches, die Konstitution zu bestimmen, belastete Organe zu erkennen und Pigmente richtig einzuordnen, kann problemlos mit Hilfe einer Lupe erreicht werden. Darüber hinaus läßt sich eine Fülle hochinteressanter Zeichen nur mit einem Mikroskop ausreichend genau erkennen. Diese (zu) kleinen Phänomene sind für eine weitergehende Diagnose notwendig, wenn nicht nur Symptome, sondern schwerwiegende Erkrankungen beurteilt und behandelt werden sollen.

Rund um die Pupille im Magenfeld können Farbschattierungen auftreten, die in den Nuancen sehr eng beieinanderliegen. Chronische Gastritis, Mangelbesaftung des Magens und Tumorbelastung zeigen sich farblich so ähnlich, daß sie für Anfänger sehr schwer zu unterscheiden sind und deshalb hier nicht besprochen werden.

Außerhalb der Darmkrause kann jede Unordnung im symmetrischen Aufbau interpretiert werden. Ein einziger querliegender Faden, eine Verdickung oder eine auffällige Hellung bedarf der Abklärung. Die Radiären können miteinander verklebt sein oder auseinandergedrückt, abgerissen erscheinen oder völlig verquer laufen. Jede Abweichung von der normalen Struktur läßt sich diagnostisch zuordnen.

Durch Stauungen im Organ können sich auf dem betreffenden Sektor der Iris Venen bilden, die sich unscheinbar in die bindegewebige Struktur einfügen.

Das Grundgerüst der Irisdiagnose aus Organkarte und Zeichenlehre ist recht einfach zu lernen: eine reine Fleißaufgabe. Um richtig gut und sicher zu werden, brauchen Sie Erfahrung. Die eigenen Augen müssen angeschaut, der richtige Blick muß trainiert werden. Lassen Sie keine Gelegenheit ungenutzt verstreichen; schauen Sie jedem Menschen in die Augen, der sich zur Verfügung stellt. Lesen Sie in den Augen, aber vermeiden Sie den typischen Anfängerfehler, zu viel erklären zu wollen.

Geschichte und Praxis der Irisdiagnose

Irisdiagnose einst . . .

Die Entdeckung der Augendiagnose erfolgte im vorigen Jahrhundert. Der ungarische Arzt Ignatz v. Peczely bemerkte 1861 als erster die Zusammenhänge zwischen Krankheiten und bestimmten Zeichen im Auge. Gut zehn Jahre lang hat er dieses Phänomen bei seinen Patienten beobachtet, verglichen und aufgezeichnet, bevor er 1871 zum ersten Mal einen Vortrag über seine ungewöhnliche Entdeckung vor dem ungarischen homöopathischen Verein hielt. Und Dr. Peczely forschte noch weitere neun Jahre bis zur Veröffentlichung seines deutsch/ungarischen Buches »Entdeckungen auf dem Gebiet der Natur- und Heilkunde. Heft 1: Anleitung zum Studium der Diagnose aus den Augen«.

Etwa zur selben Zeit machte der schwedische Arzt Dr. Nils Liljequist die gleiche Entdeckung wie sein Kollege. Sein erstes Werk erschien 1897 in deutscher Sprache bei Krüger & Co in Leipzig mit dem Titel: »Diagnose aus den Augen«. Erst zwei Jahrzehnte später, in den Jahren 1920/21, veröffentlichte Dr. Liljequist ein zweibändiges Lehrbuch in schwedischer Sprache.

Fünf Jahre nach dem Erscheinen des Buches von Dr. Peczely bringt August Zöppritz, der Vorsitzende des homöopathischen Vereins »Hahnemannia«, die augendiagnostischen Erkenntnisse 1885 nach Deutschland und veröffentlicht sie in den »Homöopathischen Monatsblättern«.

Das vielversprechende neue Verfahren wird sofort von einigen begeisterten Ärzten und den nicht approbierten Homöopathen aufgegriffen. Zu ihnen gehörten unter anderem der homöopathische Arzt Dr. Emil Schlegel und der weit über die deutschen Grenzen hinaus bekannte evangelische »Lehmpastor« Emanuel Felke. Neben seiner seelsorgerischen Tätigkeit hat sich Pastor Felke zeit seines Lebens auch zum homöopathischen Heilen berufen gefühlt. Seine Diagnosen erstellte der Geistliche anfangs ausschließlich mit der Kuhnschen Gesichts- und Belastungslehre. Als er von den Büchern über die Augendiagnose von Peczely und Liljequist erfährt, nimmt er begeistert dieses neue Verfahren auf und entwickelt es maßgeblich weiter. Durch seine Erfolge und die damit verbundene Popularität wird die Irisdiagnose weiten Kreisen bekannt.

Zu seinen Schülern gehörte die Homöopathin Magdalene Madaus. 1916 verfaßte sie ihr erstes Lehrbuch über die Augendiagnose, nachdem sie diese Art der Untersuchung schon eineinhalb Jahrzehnte in ihrer Praxis gelehrt hatte. Vier Jahre später brachte sie eine Zeitschrift namens »Iris Correspondenz« heraus, die das Podium für alle zeitgenössischen Irisdiagnostiker wurde.

Magdalene Madaus erkannte als erste, daß sich nicht nur die Veranlagungen und die sich daraus entwickelnden Krankheiten aus dem Auge eines Menschen herauslesen lassen. Sie fand heraus, daß bestimmte Zeichen und Phänomene auf die entsprechenden homöopathischen Mittel zur Behandlung verweisen. Es bedurfte nur noch eines kleinen Schritts, ein System von naturheilkundlichen Medikamenten zusammenzustellen, das für viele verschiedene Krankheiten aufgrund der irisdiagnostischen Beobachtung quasi ein »Rezept aus dem Auge« ermöglicht. Magdalene Madaus lieferte die theoretischen Grundlagen. Ihr Ehemann, ein Pastor, stellte diese Präparategruppe zusammen. So entstand das in sich geschlossene homöopathische System der Oligoplexe, das seither permanent weiterentwickelt wurde.

Ein vergleichbar gutes System – bekannt als Heilmethode Truw – erarbeitete zur selben Zeit Heinrich Hense. Auch diese Präparategruppe kann heute in jeder Apotheke Deutschlands bezogen werden.

Bis in die fünfziger Jahre dieses Jahrhunderts existierte keine zentrale oder überregionale Ausbildungsstätte für Irisdiagnose. Neue Erkenntnisse wurden bis dahin in Arzt- und Heilpraktikerpraxen gesammelt und an die Nachfolger weitergegeben. Die »Iris Correspondenz« von Frau Madaus bildete das Forum für die Irisdiagnostiker.

Erst mit der Gründung der Bundesrepublik wurde der Beruf des Heilpraktikers in der heutigen Form gesetzlich verankert. Der neue Berufsverband sah seine Hauptaufgabe in der Aus- und Fortbildung der Kollegen. Seither sind mehrere Seminarzentren entstanden, in denen Augendiagnose gelehrt wird. Das größte hat ein Schüler von Magdalene Madaus, Ernst Hugo Kabisch, in Uslar gegründet. In den vergangenen 40 Jahren sind dort über 3000 Heilpraktiker und Ärzte in diesem Verfahren ausgebildet worden.

... und heute

Heutzutage wird in allen guten Heilpraktikerschulen in Deutschland die Augendiagnose als Lehrfach unterrichtet. Die seriösen Institute lehren in der bis zu dreijährigen Ganztagsausbildung die theoretischen Grundlagen. Dieses Basiswissen kann während der Ausbildung in Praxen, die den Schulen angegliedert sind, durch praktische Erfahrung vertieft werden. Nach der Schulzeit besteht die Möglichkeit, sich in diversen Arbeitskreisen der Heilpraktikerverbände zum Thema Augendiagnose weiterzubilden und Kenntnisse auszutauschen.

Die genaue Zahl der Heilpraktiker und Ärzte, die bei Untersuchungen auch die Irisdiagnose verwenden, läßt sich schwer erfassen, schätzungsweise sind es über 10000. Es gibt keine übergeordneten Verbände oder Vereine, wobei die Zusammenarbeit beider Berufsgruppen von seiten der Ärztekammern grundsätzlich verboten ist. Gemessen an der Auflagenstärke der neuen Lehrbücher und Fachzeitschriften scheint diese Zahl eher untertrieben. Die Anzahl der jährlich praktizierten Augendiagnosen geht mit Sicherheit in die Millionen. Selbst wenn nicht alle Heiler grundsätzlich jedem Patienten diagnostisch in die Augen sehen, sondern im Durchschnitt in jeder Praxis vielleicht ein- oder zweihundertmal pro Jahr, wird diese Zahl leicht erreicht.

Bisher wird die Irisdiagnose an keiner Universität gelehrt. Klinische Wissenschaftler lehnen dieses Verfahren nach wie vor total ab. Irisdiagnostiker werden belächelt und oftmals als Spinner abgestempelt. Die wenigen ernsthaften Versuche medizinischer Professoren, die Augendiagnose wissenschaftlich zu untermauern, sind kläglich gescheitert. Sie werden auch weiterhin erfolglos bleiben, solange versucht wird, diese Methode mit den üblicherweise an den Kliniken verwendeten Verfahren zu vergleichen. Trotzdem wächst von Jahr zu Jahr die Zahl junger Mediziner, die sich in den Heilpraktikerseminaren mit der Augendiagnose vertraut machen.

Allgemein boomt die Naturheilkunde. Fast jeder niedergelassene, schulmedizinisch orientierte Arzt nimmt nach und nach biologische Präparate in sein Repertoire auf. Wer statt eines schulmedizinischen ein homöopathisches Mittel einsetzt, ist allerdings noch lange kein Naturheilkundiger. Dazu gehört naturheilkundlich diagnostisches Denken. Das heißt, nicht das klinische Repertoire als den einzig möglichen Ansatz zu sehen, sondern den anderen, alternativen, den ganzheitlichen Blickwinkel miteinzubeziehen. Der Körper ist viel mehr als die Summe seiner Organe. Im Mittelpunkt einer jeden Diagnose steht der Mensch, der als Einheit aus Organen, Seele und Geist behandelt werden will.

Ein neues Bewußtsein ist in den letzten Jahrzehnten gewachsen. Immer mehr Kranke stehen der chemisch orientierten Behandlung kritisch gegenüber. Neue biologische Therapieformen und alternative diagnostische Methoden sind entwickelt und weitergeführt worden. Alte fernöstliche Verfahren wie die Akupunktur mit ihrer Pulsdiagnose und die ayurvedische Medizin gehören heute im Herzen Europas zum allgemeinen Standard in der Naturheilkunde. Konstitutions-, Zungen- und Antlitzdiagnose sind wieder »in«.

Die ganzheitliche, biologische Diagnosetechnik wurde zum Teil elektronisch aufgerüstet: Das passende homöopathische Mittel findet heute schon ein Computer, die Kirlian- und die Aura-Fotografie sind technisch nahezu ausgereift. Durch aufwendige physikalische Testverfahren werden biologische Schwingungen verglichen, um die richtigen natürlichen Medikamente zu finden.

Alle diese alternativen Untersuchungsmethoden erbringen Befunde über die Qualität, d. h. Stärken und Schwächen der Organe.

Die Irisdiagnose wurde von Ärzten entdeckt. Über die Jahrzehnte haben nicht nur homöopathische Heiler und Heilpraktiker, sondern immer wieder naturheilkundlich orientierte Ärzte wesentlich zu ihrer Weiterentwicklung beigetragen. Bedauerlicherweise lehnen die allopathisch orienterten Schulmediziner diese Methode heute grundsätzlich ab – trotz ihrer vielen Erfolge.

Wie ich zur Irisdiagnostik kam

Wie so viele Heilpraktiker, hat auch mich eigenes Erleben zur Naturheilkunde gebracht. Vor fast vierzig Jahren, als Teenager, wurde ich durch übertriebenen Hochleistungssport schwer nierenkrank. Der Auslöser: Mit vier wesentlich älteren Primanern war ich in den Sommerferien in zwei

Wanderruderbooten von Aurich in Ostfriesland nach Amsterdam gerudert und von dort wieder zurück bis nach Kiel. An Bord war ich zwar der jüngste, aber für mein Alter ungewöhnlich groß und kräftig. Trotz eines grippalen Infektes zu Beginn der Fahrt war ich nicht davon abzuhalten, tagtäglich zu beweisen, wie stark ich war, um bei den Älteren mitzuhalten.

Es entwickelte sich ein schwerer Organschaden, den ich erst gar nicht fühlte oder fühlen wollte. Bei meiner Rückkehr hatten sich in meinem Körper mehr als zehn Liter Flüssigkeit angesammelt. Mein Gesicht war verquollen, die Augen morgens fast nicht mehr zu öffnen. Die Füße waren grotesk dick und paßten in keinen Schuh. Ich wurde sofort in eine Klinik eingewiesen.

Dort stellte sich schnell heraus, daß der nicht richtig auskurierte Infekt meine Nieren geschädigt hatte. Die permanente Überforderung ohne ausreichende Ruhephasen und zuletzt die Überlastung des Körpers durch einen Sonnenstich hatten die Situation erheblich verschlimmert. Ein lebensbedrohender Nierenschaden war entstanden. Fast zwei Jahre verbrachte ich in verschiedenen Krankenhäusern.

Allein zehn Monate hatte es gedauert, bis die Ärzte herausfanden, daß ich überhaupt nur eine Niere habe. Und diese war zu diesem Zeitpunkt so geschädigt, daß sie mir kaum eine Überlebenschance zusprachen. Künstliche Nieren und Organtransplantationen gab es 1962 noch nicht.

Monatelang schwebte ich in Lebensgefahr. Unendliche Mengen schwerster neuentwickelter Medikamente retteten mir ein ums andere Mal mein Leben. Trotzdem war Heilung nicht in Sicht. Nach vierzehn Monaten in einer Spezialklinik wurde ich mit einem unvorstellbar langen Rezept entlassen: Ich mußte täglich vier Eiweißinfusionen, genauso viele Hormonspritzen, weitere zwei Penizillinspritzen ertragen und acht verschiedene Tablettensorten, insgesamt mehr als 30 Pillen täglich, einnehmen. Mein Organismus mußte in dieser Zeit mehr als 2 000 Penizillintabletten und mehr als 1 000 000 Milligramm Kortison verkraften. Meine Konstitution half mir, auch das zu überleben.

Mein Vater suchte voller Verzweiflung über die scheinbar aussichtslose Lage andere therapeutische Wege. Ein naturheilkundlich orientierter Professor fand schließlich mit alternativen diagnostischen Verfahren die eigentliche Ursache meiner Erkrankung: Die Mandeln sahen zwar von außen unauffällig aus, waren aber inwendig total verfault. Nachdem sie entfernt waren, ging es kontinuierlich voran. Nach fünf Jahren war ich wieder einigermaßen gesund. Noch zum Abitur hieß es, daß ich wohl nie ein normales Leben führen oder einen richtigen Beruf ausüben könnte.

Konsequente naturheilkundliche Therapie und mein eiserner Wille haben gesiegt. Meine eine Niere funktioniert seit über dreißig Jahren einwandfrei. Ohne die augendiagnostische Erkenntnis des Störfeldes in den Mandeln hätte ich keine Chance gehabt, diese chronische Nierenentzündung mit beginnender Nierenschrumpfung zu überleben.

Die Krankheit, vor allem der lange Prozeß der Heilung hat mich zur Naturheilkunde geführt.

Nach dreijähriger Ausbildung bestand ich 1974 die Überprüfung nach dem Heilpraktikergesetz und wurde der jüngste niedergelassene Heilpraktiker in Kiel und ganz Schleswig-Holstein. Vom ersten Tag meiner beruflichen Tätigkeit an galt mein spezielles Interesse der Augendiagnose.

Irisdiagnostik in meiner Praxis

Kein klinisches Verfahren erscheint mir bei der Suche nach auslösenden Faktoren der Irisdiagnostik ebenbürtig. In der Schulmedizin wird im Regelfall zwischen »eindeutig gesund« oder »zweifelsfrei krank« unterschieden. Für alle Untersuchungsverfahren existieren klar definierte Grenzen mit Normalwerten. Innerhalb dieser Grenzen gilt der Patient als gesund, im anderen Fall als krank. Die Naturheilkunde arbeitet nicht nach dem Muster Schwarz/Weiß. Wir kennen auch den Graubereich, in dem der Patient zwar nicht mehr ganz gesund, aber noch lange nicht richtig krank ist. Genau in diesem Zustand zeigen sich im Auge schon Organschwächen oder -belastungen, die mit den klinischen Verfahren noch nicht erkannt oder beachtet werden.

In vielen Fällen sieht die Sachlage bei chronisch erkrankten Menschen mit eindeutiger schulmedizinischer Diagnose ähnlich aus. Auch hier zeigen die Augen häufig genug Zusammenhänge und Ursprünge, die der klinischen Sicht verwehrt bleiben. Schließlich hinterläßt sogar langjähriger Medikamentenmißbrauch in der Iris Spuren. Oft genug sehen wir Patienten, deren Leiden auf diese Art erst entstanden sind.

In meiner inzwischen über zwanzigjährigen Praxis sind mir unzählige Patienten begegnet, die an chronischen Krankheitssymptomen litten. Untersuchungen durch die Hausärztin oder den Hausarzt oder in der Klinik blieben ohne schlüssige Ergebnisse. Häufig genug werden diese bedauernswerten Kranken als Hypochonder, als eingebildete Kranke abgestempelt.

Mit der Augendiagnose lassen sich in den meisten Fällen die Ursprünge dieser Symptome, eben die Schwachstellen im Organsystem finden. Oft genug liegt die Ursache der Beschwerden gerade nicht am Ort ihrer Erscheinung – wie zum Beispiel bei der Migräne. Der Kampf der Kliniker gegen diese für die Betroffenen fürchterliche Geißel besteht im allgemeinen darin, alle verfügbaren Schmerzmittel der Reihe nach auszuprobieren. Wohl dem, der das für sich ausreichend Wirkende findet: Der Patient erhält zumindest einen Teil seiner Lebensqualität wieder, bezahlt dafür aber mit den Folgen der grundsätzlich zu erwartenden Nebenwirkungen.

Die Augendiagnose eröffnet die Möglichkeit, den eigentlichen auslösenden Faktor dieser Schmerzattacken zu erkennen, in diesem Fall vielleicht die Nieren, die Leber, der Darm oder die Bauchspeicheldrüse. Alle diese Organe kommen als mögliche Verursacher der anfallsweisen, krampfhaften, extrem schmerzhaften Halbseitenkopfschmerzen in Betracht. Aufgrund seiner Untersuchungsergebnisse wird ein Augendiagnostiker mit nebenwirkungsfreien pflanzlichen Mitteln die Organstörung zu beheben versuchen, in vielen Fällen entfällt somit die Einnahme schmerzstillender Medikamente.

Spätestens, wenn die erste klinische Bestätigung einer Verdachtsdiagnose vorliegt, räumen die meisten Schulmediziner ein, daß sie der Augendiagnose zwar kritisch gegenüberstehen, aber irgend etwas müsse doch wohl daran sein, wenn ein Irisdiagnostiker eine solche Erkrankung aus dem Auge erkennen und sogar den Ort des Geschehens bestimmen kann.

Letztlich entdecken erfahrene Irisdiagnostiker im Auge eines Menschen auch recht eindeutig Tumorrisiken. Jahre, bevor der modernste Kernspintomograph einen Nachweis erbringen kann, zeigen sich in der Regenbogenhaut sowohl die Veranlagung als auch der wahrscheinliche Entstehungsort eines Krebses. Mit einer entschlossenen, nachhaltigen Stärkung spezifischer Abwehrsysteme kann ein naturheilkundiger Heilpraktiker oder Arzt die Entstehung einer bösartigen Geschwulst langfristig hinauszögern oder unter Umständen ganz unterbinden.

Bildet sich trotz aller Therapie eine bösartige Geschwulst, gilt für mich unabänderlich das gleiche wie bei zufällig entdeckten oder im Rahmen einer Früherkennung festgestellten Tumoren: Jeder nachgewiesene Krebsherd sollte zuallererst mit klinischen Methoden behandelt werden. Im Regelfall wird das eine Operation sein, nur in bestimmten Fällen, speziell bei Lymphdrüsentumoren, eine Chemotherapie. Deshalb überweise ich jeden Patienten in dieser Situation sofort in die Klinik. Mit der klinischen Therapie soll die Aussaat von Krebszellen verhindert werden. Die Chancen einer Heilung steigen, je früher die Behandlung beginnt. Genauso fest bin ich überzeugt und sicher, daß im Anschluß an die klinische Erstbehandlung in jedem Fall naturheilkundlich weiterbehandelt werden muß.

Die Beispiele in diesem Buch zeigen, wie sehr die Augendiagnose sich grundsätzlich von den schulmedizinischen Untersuchungsmethoden unterscheidet. Sie kann die klinischen Verfahren nicht ersetzen. Aber sie muß als ungemein wichtige und nützliche Hinweisdiagnose gewertet werden, als Ergänzung der wissenschaftlichen Apparatediagnostik.

Durch die Augendiagnose erkenne ich die angeborenen Schwachstellen eines Menschen und erhalte Hinweise, wie seine gefährdeten Organe so zu unterstützen sind, daß sie Belastungen und Streß, Umwelteinflüssen und Infektionen mehr Abwehrkraft entgegensetzen können. Je mehr diese Faktoren dem Körper zu schaffen machen, um so deutlicher zeigt die Iris Veränderungen, lange bevor mit klinischen Methoden eine Krankheit feststellbar wird.

Irisdiagnostische Untersuchungen

Ganz ohne Technik kommt auch die Augendiagnose nicht aus. Fast jeder Augendiagnoseprofi benutzt heutzutage ein spezielles Irismikroskop für die Begutachtung der Augen. Dieses Gerät unterscheidet sich erheblich von den üblichen, allgemein bekannten Labormikroskopen. Erstens sieht der Betrachter durch zwei gleiche Vergrößerungsoptiken (Okulare), dadurch entsteht ein plastisches dreidimensionales Bild eines Auges. Zweitens ist die Blickrichtung waagerecht in die Regenbogenhaut des Gegenübersitzenden. Drittens wird das zu vergrößernde Objekt von der Seite angestrahlt und nicht von hinten durchleuchtet.

Die Vergrößerung dieser Mikroskope liegt zwischen 6- und 40fach, in der Regel über Zwischenschritte durch ein drehbares Revolverokular oder ein stufenloses Zoomobjektiv einstellbar. Die 6er- bis 12er-Vergrößerung wird für eine erste allgemeine Übersicht benutzt, höhere Stufen gelegentlich für Ausschnittsvergrößerungen. Die Brennweite der Objektive ist so groß, daß ein weiter Abstand zu den Augen eingehalten werden kann, nur so kann durch zwei Okulare ein dreidimensionales Bild entstehen.

Bei der diagnostischen Betrachtung darf das Bild nicht wackeln. Deshalb stehen Augenmikroskope auf schweren, höhenverstellbaren Tischen. Die Optik ist mit einer Stellage verschraubt, durch die der Kopf des Patienten möglicht fest fixiert wird; dazu muß er sein Kinn auf eine feste Unterlage legen und die Stirn gegen eine Querschiene lehnen. Sowohl die Fixierungen als auch das Mikroskop sind in alle Richtungen für jede Kopfgröße verstellbar. Bei modernen Geräten kann während der Diagnose durch das gleiche Objektiv fotografiert werden. Mit den Fotos läßt sich die Entwicklung der Augen über Jahre verfolgen.

Zu einem qualitativ hochwertigen Mikroskop gehört neben einer brillanten Optik eine aufwendige Beleuchtungsquelle, die Spaltlampe. Mit ihr werden die Strahlen einer möglichst farbneutralen Lichtquelle parallel gebündelt und über eine Optik auf die Iris gelenkt. Lichtstärke, Strahlbreite und Ausrichtung können beliebig verstellt werden. Farbfilter, Blitzeinrichtung und Hubhydraulik komplettieren die perfekte Ausstattung.

Wie immer der Augendiagnostiker technisch ausgestattet sein mag: Zu jeder guten, seriösen Augendiagnose gehört selbstverständlich ein umfassendes Vorgespräch. Die akuten Beschwerden müssen angesprochen sein, alle Vorerkrankungen, die Operationen genauso wie die bisher erfolgten Untersuchungen und Behandlungen.

Teil 2
Die Diagnose

Die Konstitutionenlehre: angeborene Veranlagungen

Im Prinzip sind alle Augen blau. Jede davon abweichende Nuance entsteht durch gelbliche, bräunliche oder andersfarbige Pigmentüberlagerungen in der oberen Schicht. Beim dunkelbraunen Auge haben sich die Pigmente so verdichtet, daß von der darunterliegenden blauen Schicht nichts mehr zu erkennen ist.

Beim hellbraunen Auge können Sie im Mikroskop teilweise recht deutlich blaue Teile durchschimmern sehen. Im grünen Auge mischt sich der Grundton mit einer helleren, gelblichen Überlagerung.

Die Helligkeit der Iris hängt von der Zahl und der Dicke der Bindegewebsfäden ab, die sich zwischen dem Außenrand der Regenbogenhaut und ihrem Zentrum spannen. Liegen diese sogenannten Radiären zahlreich dicht beieinander, entsteht ein leuchtend graublauer Farbton. Im dunkelblauen Auge finden wir wesentlich weniger dieser Radiären.

Nach meiner Erfahrung verlieren die Augen, wenn überhaupt, erst am Ende des Lebens ihre strahlende Helligkeit. Bei alten Menschen in den letzten Wochen ihres Lebens habe ich schon oft ein massives Abdunkeln der Augenfarbe bemerkt. Vitale Menschen über 90 haben fast alle stechend blaugraue Augen von erstaunlich heller Intensität.

Der Konstitutionstyp eines Menschen ändert sich grundsätzlich nie! Bei den Kindern kann die Entwicklung der Augenstruktur einige Jahre dauern; so zieht sich die Braunfärbung gelegentlich bis zur Pubertät hin. In dieser Lebensphase sollte die konstitutionelle Zuordnung immer wieder überprüft werden. Die Konstitutionen haben wir von unseren Eltern oder Großeltern geerbt; sie sind das Päckchen, das wir lebenslang mit uns tragen.

Die geerbten Schwächen müssen sich nicht unbedingt zu einer Krankheit entwickeln. Sie sind die Grundlage, die Basis, auf der sich langandauernder Streß, gehäufte Infektionen oder Umweltvergiftungen einnisten können, aber nicht unbedingt einnisten müssen.

Die Therapie der konstitutionellen Veranlagungen schützt den Organismus durch Kräftigung und anregende Unterstützung seiner Schwachstellen – damit setzt der Körper den auslösenden Faktoren einer Krankheit mehr Widerstand entgegen.

Ich beschreibe im Abschnitt über die Diagnose sieben Hauptgruppen (siehe Seite 62ff.) und eine Reihe von Untergruppen: den braunen Iristyp, den hellbraunen, den grünen und die vier blauen Iristypen. Das grüne Auge wird hier zum besseren Verständnis mit eingeführt, obwohl man es in dieser Form üblicherweise nicht unterscheidet. Die grüne Farbe entsteht durch gelbliche Farbüberlagerung des blauen Untergrundes. Es handelt sich im Grunde also um einen blauen Augentyp. Die Pigmentierung verändert die Farbe aber so charakteristisch, daß diese Gruppe eine eigenständige Konstitution darstellt.

Genauso fehlen bei den blauen Augen ein paar Unterteilungen, die sich nur geringfügig voneinander unterscheiden. Mit der Lupe sind sie kaum zu sehen. Sie sind in der Gruppe der stahlblauen Augen, der rein lymphatischen Konstitution, zusammengefaßt.

In der Praxis werden Sie bald merken, wie schwer die eindeutige Zuordnung manchmal fällt. Sie sehen zum Beispiel in einem dunkelblauen Auge einen hellblauen Einschlag mit einem ausgeprägten braunen Innenring. Aber Sie müssen sich entscheiden! Jedes Auge darf nur *einer* Kategorie zugeordnet werden, um eindeutige Konstitutionsaussagen zu erhalten. Ein Vorgespräch hilft bei der Entscheidung: Manche Symptome sind absolut typisch einer bestimmten Veranlagungsgruppe zuzuordnen.

Beide Augen eines Menschen gehören immer in dieselbe Konstitutionsgruppe. Dann und wann läßt sich der Augentyp auf der einen Seite besser erkennen als auf der anderen. Schauen Sie sich immer beide Augen an. Versierte Diagnostiker können aus den kleinen Unterschieden zwischen links und rechts sogar erkennen, ob die geerbten Veranlagungen von der Mutter oder vom Vater stammen.

Schwierig wird die Zuordnung der Menschen mit einem braunen und einem blauen Auge. Die vielfältigen Möglichkeiten der Interpretation gehören in die Hände eines professionellen Irisdiagnostikers. Augen mit einem braunen Zentrum und breitem, eindeutig blauem Außenrand oder solche mit einem braunen Sektor in Form eines Tortenstücks werden dem entsprechenden blauen Konstitutionstyp zugeordnet.

Außer den rein organischen Veranlagungen lassen sich den einzelnen Gruppen zusätzlich ganz typische Verhaltensmuster und Charaktereigenschaften zuordnen. Obwohl sich diese in die Wiege gelegten Grundzüge durch die persönliche Entwicklung individuell stark verändern, bleiben trotzdem erstaunlich viele gemeinsame Merkmale erhalten.

Sie finden Ihren eigenen Konstitutionstyp möglicherweise über die Beschreibung der Wesenszüge heraus, wenn Sie sich in einer der Gruppen wiedererkennen. Kontrollieren Sie dann, ob Sie in Ihren Augen die Farbe für Ihren Veranlagungstyp erkennen.

Für jeden Konstitutionstyp finden Sie die therapeutischen Basismittel zur Erhaltung der Gesundheit und zum Ausgleich der körpereigenen Schwächen, sowohl einen Tee als auch biochemische oder biologische Mittel. Diese sind nicht zusammen einzunehmen, sondern Sie können wählen, je nachdem, ob Sie lieber Tee trinken oder Tropfen bzw. Tabletten bevorzugen. Jeder Mensch kann sein Konstitutionsmittel ohne Bedenken über Jahre zur Stärkung der eigenen Vitalität einnehmen. Nichts gegen Knoblauch oder Ginseng. Aber ein Konstitutionsmittel wirkt viel genauer, spezifischer.

Bei jedweder Erkrankung unklarer Ursache sollte dieses Basismittel genommen werden. Ein symptomatisch eingesetztes Präparat wirkt oft erst mit dem Konstitutionsmittel zusammen erfolgreich.

Das dunkelblaue Auge

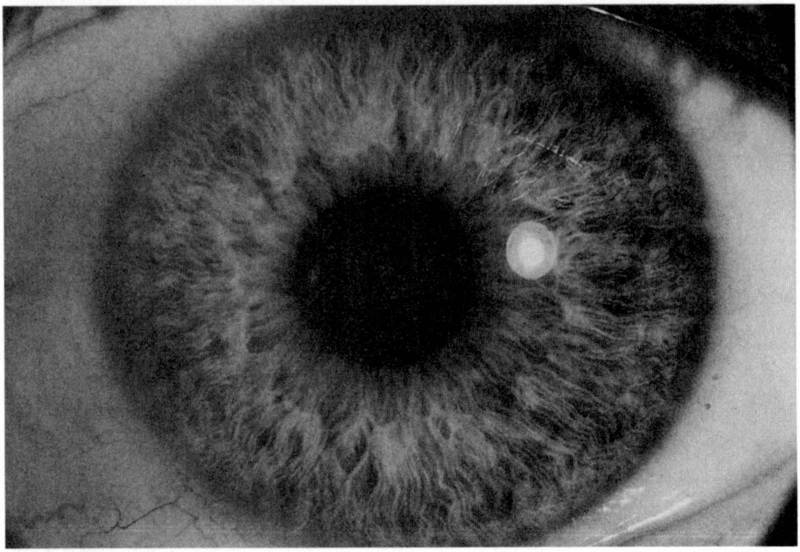

Bild 1: rechtes Auge
dunkelblau (rein lymphatisch)
keine auffälligen Zeichen

Die aus Mitteleuropa stammenden Menschen haben zum größten Teil blaue Augen. Bei dieser Farbe lassen sich die Irisphänomene besonders gut erkennen.

Alle Menschen mit blauen Augen gelten als lymphatisch veranlagt. Bei jeder Erkrankung sollte das Lymphsystem mit beachtet werden. Man sagt, bei den blauäugigen Menschen breiten sich die Krankheiten bevorzugt über die Lymphbahnen, bei den braunäugigen über die Blutbahnen aus.

Die Lymphflüssigkeit ist Blutplasma (der wäßrige, flüssige Teil des Blutes), das durch die Wände der Kapillaren (die kleinsten Blutadern) ins Gewebe zwischen die Organzellen fließt. Durch Sammelkanäle gelangt die Lymphe zu Lymphknoten und von dort wieder zurück ins Blut. Die Aufgaben dieser Körperflüssigkeit sind Reinigung und Infektionsabwehr. Bei einer lymphatischen Erkrankung sind diese Funktionen gestört, geschwächt oder nicht mehr vorhanden.

Dunkle Schwächezeichen und Farbtupfer sehen in der dunkelblauen Iris häufig recht klein aus; die Farbkontraste bleiben eher mäßig. Lassen Sie sich bitte nicht von der Größe der Zeichen beeinflussen – die Größe hat keine Aussagekraft!

Die typische Iris

Ein typisches Beispiel für das dunkelblaue Auge (rein lymphatische Konstitution) finden Sie im Bild A im Farbteil.

Zwischen der Darmkrause und dem Außenrand der Iris verlaufen die weißen Bindegewebsfäden (die Radiären) relativ ungeordnet und unregelmäßig. Keine Radiäre verläuft genau wie die andere, und sie sind auch unterschiedlich dick. Außerhalb der Darmkrause scheinen sie zu verkleben. Dadurch entsteht ein heller Ring von sehr unterschiedlicher Breite um die Pupille. Die Zone direkt außerhalb der Darmkrause strahlt dann fast weiß.

Hier liegt in der Organkarte der Iris die Lymphzone. Helle Stellen bedeuten immer Reizung, Entzündung, Schwellung oder Überreaktion.

Die typischen Merkmale

Bei diesem Konstitutionstyp schießen die Reaktionen über das Ziel hinaus! Er bekommt relativ schnell Fieber, meist hoch und heftig. Die Lymphknoten schwellen erheblich an. Die Mandeln reagieren empfindlich.

Hier darf die Infektabwehr nicht noch zusätzlich angeregt werden – die »Polizei« des Körpers reagiert eh schon zu stark. Die Reaktionen sollten besser mit einem Lymphmittel reguliert werden.

Alles schwillt leicht an, die Backe beim Zahnschmerz, die Füße bei Hitze, selbst die Haut beim Kratzen. Das Gesicht der Lymphatiker, besonders bei Kindern, sieht leicht etwas verquollen aus.

Typisch für diesen Konstitutionstyp ist Heuschnupfen. Er geht meist mit einem immensen Verbrauch von Taschentüchern einher: Der Schleim fließt in Mengen.

Die Haut gehört zu den Schwachstellen. Sie neigt zu starken allergischen Reaktionen, die besonders auf den Schleimhäuten zu heftig ausfallen und gefährliche Ausmaße erreichen können. Allergische Reaktionen müssen ausgetestet und unter ständiger Kontrolle gehalten werden.

Menschen mit dunkelblauen Augen neigen zu gutartigen Wucherungen wie Polypen, Warzen und Myome. Alles im Körper reagiert überschießend auf Reize. Auch Magenkrämpfe, Erbrechen und Durchfall sind meist sehr heftig.

Medikamente müssen zurückhaltend dosiert werden. Kein anderer reagiert so stark auf die Wirkungen und die Nebenwirkungen wie dieser Typ! Auch bei Injektionen sollte vorsichtshalber mit der kleinsten Dosierung angefangen werden.

Die Seele und der Geist reagieren ebenfalls überschäumend. Dieser Konstitutionstyp verhält sich im allgemeinen ruhig und ausgeglichen, kann aber wegen einer Fliege an der Wand in die Luft gehen. Alle Reaktionen sind eben überdurchschnittlich heftig, auch die nervlichen und die charakterlichen.

Eine grundsätzliche Empfehlung

Wegen der starken Allergiebereitschaft bei Kindern mit dunkelblauen Augen sollten Sie mit der Anschaffung von Haustieren und Vögeln vorsichtig sein. Deren Milben in Haaren und Federn fördern besonders intensiv allergische Reaktionen. Hat der Körper einmal allergisch reagiert, wird er es immer wieder tun, langsam zunehmend, und auf immer mehr auslösende Faktoren ansprechen. Eine wirkliche Heilung ist sehr selten.

Das stahlblaue Auge

Diese Augen haben meist eine einheitliche Farbe, ein wenig heller als die dunkelblaue des reinen Lymphatikers. Die farblichen Kontraste sind hier besonders kräftig. Das Weiß der Bindegewebsstruktur erscheint strahlend hell wie Schnee, das Blau dazwischen intensiv dunkel wie das Meer. Häu-

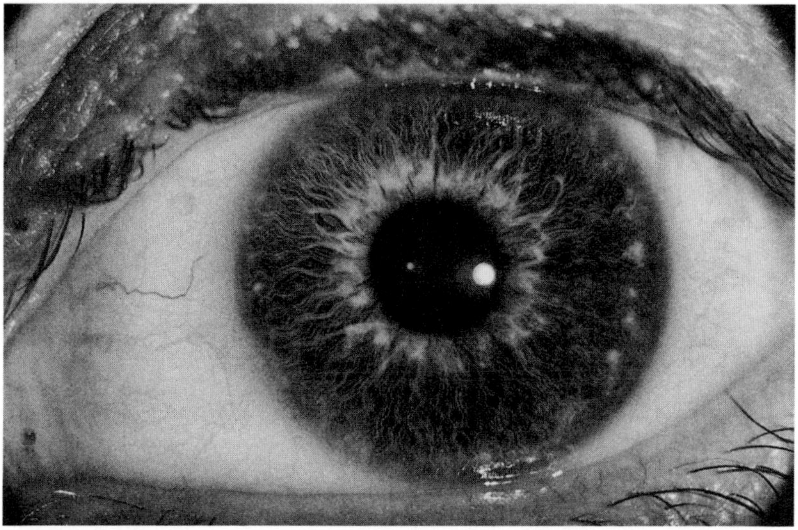

Bild 2: linkes Auge
stahlblau (hydrogenoid)
Wattetupfer besonders zwischen 2.00 und 5.00 Uhr

fig finden wir nur einzelne kleine andersfarbige Farbtupfer, sehr selten haben sich viele entwickelt. Die wichtigen Zeichen einer krankhaften Veränderung erkennen wir bei dieser Augenfarbe auch mit einer guten Lupe oder unter dem Mikroskop häufig erst auf den zweiten Blick, weil sie sich gern klein und unauffällig zeigen.

Die typische Iris

Bild B im Farbteil zeigt ein Beispiel für eine stahlblaue Iris (hydrogenoide Konstitution).

Zwischen der Darmkrause und dem Außenrand der Iris verlaufen die weißen Bindegewebsfäden (die Radiären) relativ ungeordnet und unregelmäßig. Keine Radiäre verläuft genau wie die andere; sie sind auch unterschiedlich dick.

Außerhalb der Darmkrause scheinen sie zu verkleben. Dadurch entsteht eine helle Zone von sehr unterschiedlicher Breite rund um die Pupille. Ein schmales Band in der Iris direkt außerhalb der Darmkrause strahlt fast weiß. Insoweit entspricht das Bild genau dem des dunkelblauen Auges.

Das besondere Merkmal dieser Konstitution sind die fast am Außenrand der Iris gelegenen schneeweißen Flecken. Sie erinnern an kleine Wattetupfer. Ihre Anzahl schwankt von Auge zu Auge. Manchmal finden wir nur vier oder fünf, gelegentlich mehr als zehn von ihnen. Sie liegen rund um die Iris nebeneinander, aber Stück für Stück deutlich voneinander getrennt. Der Fachmann nennt sie Tophi.

Entscheidend wichtig für die Zuordnung in diese Konstitutionsgruppe ist die leuchtend weiße Farbe der Wattetupfer. Weiß oder hell bedeutet immer Entzündung, Reizung, Schwellung.

Den Bereich der Organkarte, in dem diese Wattetupfer vorkommen, nennen Augendiagnostiker die Muskel- und Skelettregion. Alle Irisphänomene in diesem schmalen Band in der Mitte zwischen Darmkrause und Außenrand der Iris (Limbus) können sich auf die Muskeln, die Gelenke und die Knochen beziehen. In diesem Fall wird durch die weißen Entzündungszeichen die Veranlagung zu chronischem Gelenks- oder Muskelrheuma angezeigt. Dieser Mensch wird bei gleich starker Belastung viel früher als andere an Krankheiten aus dem rheumatischen Formenkreis leiden.

Diese Konstitutionsbelastung ist vor dem Ausbruch einer Rheumaerkrankung durch klinische Untersuchungsverfahren nicht nachweisbar.

Die typischen Merkmale

Wir haben es bei diesem Typ mit dem genauen, dem ordentlichen, manchmal etwas pedantischen Menschen zu tun. Am liebsten muß alles seinen gewohnten Ablauf haben. Pünktlichkeit ist selbstverständlich.

Ihm fällt es außerordentlich schwer, fünfe gerade sein zu lassen. Anweisungen auf dem Rezept werden pünktlich und akkurat befolgt: Fünfzehn Tropfen sind eben genau fünfzehn, und dreimal am Tag heißt, wenn irgend möglich, im Abstand von acht Stunden. Eine eigenmächtige Änderung der empfohlenen Dosierung kommt nicht in Frage. Keiner hält eine Diät so penibel ein wie dieser Konstitutionstyp.

Das gilt natürlich auch für alle anderen Bereiche des Lebens. Der Ablauf im Büro oder im Geschäft, aber auch der Kontakt mit Freunden und die Beziehungen innerhalb der Familie werden mit der gleichen akkuraten Genauigkeit und Zuverlässigkeit gelebt.

Dieser Mensch liebt die Wärme. Sie lindert alles. Er sucht die Sonne und fühlt sich auch in der Hitze wohl. Rotlicht, Sauna und Fango werden als angenehm empfunden. Gern zieht er sich die Bettdecke bis an die Ohren. Auch die kuschelige Wärme des Gemeinsam-unter-der-Bettdecke-Liegens wird genossen.

Sehr häufig kommt eine ausgeprägte Wetterfühligkeit vor. Naßkaltes Wetter ist Gift. Die Blase und der Rücken reagieren dabei schmerzhaft, und auch die Gelenke zeigen sich empfindlich. Hauptsächlich davon betroffen sind Daumen, Fingerknöchel, Hüften und Knie.

Niemals sollte bei dieser Veranlagung eine Kältetherapie (Kryotherapie) gegen Gelenksbeschwerden versucht werden! Sie kann die Schmerzen massiv verschlimmern. Kneippsche Güsse empfindet dieser Mensch als unangenehm. Weil sie aber gut sein sollen, erträgt er sie immer wieder.

Bei der Ernährung neigt dieser Konstitutionstyp eher zu gesunder, vollwertiger, kohlenhydratreicher Kost. Fleisch darf sein, muß aber nicht. Nach meiner Erfahrung gehören die meisten Vegetarier zu diesem Konstitutionstyp. Auch Fett und Cholesterin werden sehr bewußt und eher zurückhaltend genossen.

Bei diesem Konstitutionstyp ist oft die Schlackenausscheidung über die Haut gestört. Bereits im Altertum hatten Heiler erkannt, daß der Mensch seine »Krankheitsstoffe« ausschwitzt, das heißt, über die Ausscheidungsorgane Haut, Nieren und Lunge herausbringt. Sind Ausscheidungswege gehemmt oder blockiert wie bei diesem Typ, entstehen Rheuma, Asthma oder Ekzeme. Eine geschwächte Hautfunktion fördert und verschlechtert Rheuma.

Eine grundsätzliche Empfehlung

Ich halte speziell bei diesem Konstitutionstyp regelmäßige Bürstenmassage und Saunagänge für gut. Was auch immer die Ausscheidung über die Haut fördert, kann für diesen Augentyp empfohlen werden.

Alle eitrigen Entzündungen müssen ganz besonders sorgfältig auskuriert werden. Durch chronische vereiterte Mandeln oder Zähne kann bei diesen Menschen besonders leicht ein rheumatischer Prozeß in Gang gesetzt werden.

Das hellblaue Auge

Die Regenbogenhaut scheint generell im Laufe des Lebens ein wenig heller zu werden, zumindest aber bunter. Schuld daran sind die vielen, meist gelben oder bräunlichen Farbtupfer, deren Zahl und Größe langsam zunimmt.

Das Bindegewebe ist eine Mülldeponie für alle Schlacken, die der Körper nicht ausscheidet. Hier im Auge können wir die Ablagerungen sehen. Deshalb scheint es bei diesem Iristyp in der zweiten Lebenshälfte so, als gäbe es Zeichen und Hinweise für organische Erkrankungen. Aber nicht jedes Farbpigment oder jedes helle Areal ist als Krankheit zu bewerten; Pigmente zeigen höchstens eine Belastung, niemals eine Krankheit.

Die typische Iris

Im Bild C im Farbteil finden Sie ein typisches Beispiel für eine hellblaue Iris (harnsaure Konstitution).

Die Struktur der Radiären sieht wie beim dunbkelblauen Auge aus: Zwischen der Darmkrause und dem Außenrand der Iris verlaufen die weißen Bindegewebsfäden (die Radiären) relativ ungeordnet und unregelmäßig. Keine verläuft genau wie die andere. Sie sind auch unterschiedlich dick. Direkt außerhalb der Darmkrause liegen sie sehr nahe beieinander, wie verklebt. Dadurch entsteht der Eindruck einer schmalen hellen Zone rund um die Pupille.

Aber ein Teil der Radiären wird deutlich von Farbauflagerungen überdeckt. Das besondere Merkmal dieser Konstitution sind schmutzig gelbweiße Flecken, die zwischen der Mitte der Iris und ihrem Außenrand lie-

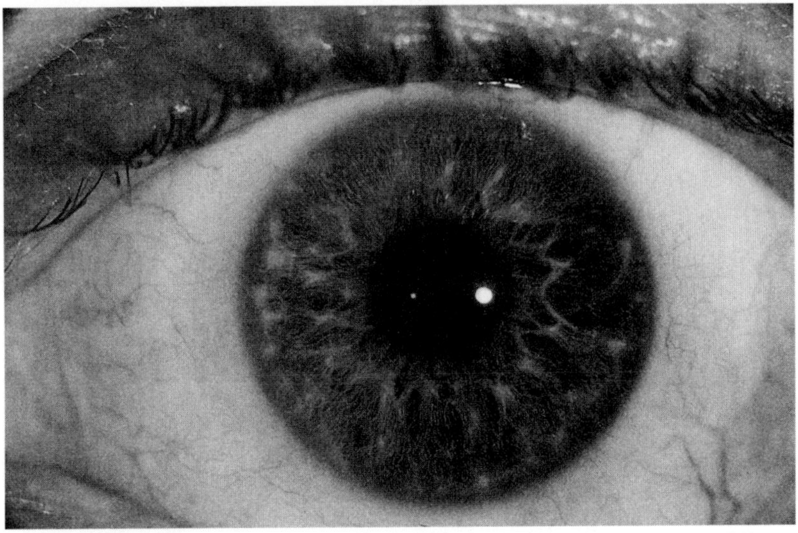

Bild 3: linkes Auge
hellblau (harnsauer)
dunkler (Herz-) Sektor 3.00 Uhr
mit nach außen offener Halblakune

gen. Die Anzahl schwankt von Auge zu Auge. Manchmal finden wir nur vier oder fünf, gelegentlich mehr als zehn von ihnen. Sie können so dicht nebeneinander liegen, daß sie miteinander verschmelzen und ein schmales Band bilden. Ihre Anzahl läßt sich nicht einfach bestimmen, weil ihre Grenzen verwischen. Der Fachmann nennt sie Harnsäureplaques.

Den Bereich der Organkarte, in dem diese Harnsäureablagerungen vorkommen, nennen Augendiagnostiker Muskel- und Skelettregion. Alle Irisphänomene in diesem schmalen Band in der Mitte zwischen Darmkrause und Außenrand der Iris (Limbus) können sich auf die Muskeln, die Gelenke und die Knochen beziehen.

Durch die gelblichweißen Stoffwechselschlacken wird die Veranlagung zu Gicht angezeigt. Ein Mensch mit diesem Augentyp wird eher als andere an einer Erkrankung des Harnsäurestoffwechsels leiden, wobei diese Konstitutionsbelastung nicht zwangsläufig im Blut nachweisbar sein muß.

Der Irisdiagnostiker geht davon aus, daß bei diesem Konstitutionstyp jedes Organ des Körpers, jedes Gewebe übersäuert und damit gereizt und entzündet sein kann. Die Harnsäurebelastung eines Körperteils zeigt sich durch helle Schlackenablagerung im entsprechenden Bereich der Iris.

Es entspricht naturheilkundlichem Denken, den Stoffwechsel zu entlasten, bevor die ersten Ablagerungen in Gelenken, Muskeln oder Organen beginnen, Schäden anzurichten; der schulmedizinisch orientierte Arzt beachtet und behandelt in der Regel die Blutharnsäurewerte erst, wenn die Gefahr eines Gichtanfalls gegeben ist.

Die typischen Merkmale

Der hellblaue Augentyp ist ein dynamischer Bewegungsmensch. Er muß ständig aktiv sein und kann schlecht stillsitzen. Man sieht ihm seine Dynamik an. Figurmäßig wird er nie zur »Bohnenstange«; dieser Typ kann stabil sein, kräftig oder vollschlank, aber nur sehr selten richtig dick. Frauen behalten eine typisch stramme, durchaus attraktive Figur bis ins Alter. Das Bindegewebe bleibt fest, die Haut eher faltenarm, ohne Zellulite.

Trotzdem finden wir bei diesen Menschen häufig Krampfadern und Hämorrhoiden. Das hat zu tun mit ihrer Vorliebe für gutes Essen und Trinken, Gewürze, Kaffee und einen guten Schluck. Sie bekommen anfallsweise Heißhunger auf Süßigkeiten. Meist liegen auf dem Teller neben einem großen Steak ein bißchen Salat und nur wenig Gemüse.

Die Ablagerungen in Muskeln und Gelenken verursachen Schmerzen. Kälte lindert. Wärme wird häufig als unangenehm empfunden. Unter der Bettdecke fängt dieser Mensch leicht an zu »kochen«. Er läßt gern ein Bein frei heraushängen, um Hitze abzuleiten. Er kuschelt auch nicht so viel oder so häufig wie andere, weil ihm dabei einfach zu heiß wird. Dieser Mensch hat so viel Energie und Wärme, daß er selten friert. Selbst beim Schneeschieben im Oberhemd und mit offenem Kragen können wir ihn schwitzen sehen.

Morgens sind die Glieder geschwollen und steif. Bei Gelenkschmerzen helfen die verordneten chemischen Antirheumatika, wenn überhaupt, dann nur für Minuten. Üblicherweise sind Schulter oder Ellenbogen, der Daumen oder die Fingerknöchel, die Lendenwirbelsäule oder der große Zeh betroffen. Muskelschmerzen, Nerven- und Sehnenscheidenentzündungen sind viel häufiger anzutreffen als bei anderen Typen.

Der harnsaure Typ läßt fünfe gern gerade sein; er nimmt es nicht so genau und fühlt sich auch im größten Chaos wohl. Bekommt er drei verschiedene Tropfen verordnet, wird ihm das genaue Abzählen bald zu lästig. Er bestimmt die Dosis schnell mit dem Augenmaß, nimmt zwar willig ein, aber eben nur, wenn er mehr oder weniger zufällig daran denkt. Die vergessene Ration wird nachgeholt oder umgelegt.

Dieser Mensch genießt beim Essen. Er braucht keine großen Portionen, liebt aber häufige Mahlzeiten und den kleinen Snack zwischendurch. Er schränkt sich ungern ein und ißt, was ihm schmeckt. Durch die sorglose Ernährung entstehen leicht Gastritis und Reizsymptome der Bauchspeicheldrüse, wie Blähungen, Aufstoßen, Bauchplätschern und Oberbauchdruck. Der Stuhl ist weich, voluminös und riecht meist streng. Kein anderer Konstitutionstyp verbraucht soviel Toilettenpapier!

Die Nieren dieser Menschen scheiden die sauren Stoffwechselschlacken der Nahrung nicht vollständig aus. Da dieser Müll den Körper nicht auf anderem Wege verlassen kann, muß er irgendwo gelagert werden. Die bevorzugten Deponien sind die Haut, die Gelenke, Bänder, Sehnen und das Muskelgewebe. Eine Übersäuerung des Gewebes kann Nesselsucht und Juckkrisen auslösen.

Diese Menschen sind sozusagen »steinreich«. Im Nierenbecken und in der Blase, aber auch in der Galle und gelegentlich sogar in der Bauchspeicheldrüse können Steine entstehen. Ein Steinleiden läßt sich nicht eindeutig aus dem Auge diagnostizieren; es gibt nur indirekte Zeichen als Hinweis für einen Verdacht. Ihre Existenz läßt sich aber mit klinischen Untersuchungsmethoden wie Ultraschall oder Röntgen beweisen.

Eine grundsätzliche Empfehlung

Trinken, trinken, trinken. Sie können normalerweise nie zuviel, sondern nur zuwenig trinken. Die Hauptaufgabe der Nieren ist die Ausscheidung giftiger Stoffe, dazu brauchen sie soviel Flüssigkeit wie möglich. Je mehr Wasser die Nieren passiert, desto besser: Eine intakte Niere kann problemlos mehr als zehn Liter pro Tag ausscheiden.

Deshalb eignet sich als Basistherapie ein wirklich gut schmeckender Tee, von dem morgens eine Thermoskanne voll aufgebrüht und im Laufe des Tages ausgetrunken werden soll. In den Tee können alle homöopathischen Tropfen mit hineingegeben werden.

Obwohl dieser Konstitutionstyp eine konsequente Diät langfristig nicht einhalten mag, muß er sich anhören, was seinem Organismus guttut und was nicht: Fleischportionen und Fettmengen sollten kleiner, Gemüse- und Salatportionen viel größer werden. Er schadet sich besonders mit Wildfleisch, Krustentieren und Sardellen, aber auch mit zu vielen Tomaten und Schwarzwurzeln. Bier und dunklen Alkohol wie Weinbrand oder Rum verträgt er schlechter als Wein oder klaren Alkohol.

Das graublaue Auge

Graublaue Augen zeigen meist ein sehr gleichmäßiges, feines Muster. Die Schwächezeichen und die Farbtupfer bleiben unauffällig und klein, können sich fast in der Struktur der kleinen Bindegewebsfäden verstecken. Aus der Größe eines Zeichens läßt sich nie auf die Intensität einer Erkrankung schließen. Gerade bei diesem Augentyp gilt, daß sich hinter scheinbar unbedeutenden Veränderungen manchmal schwerste Krankheiten verbergen (neurogene Konstitution).

Nur mit 10facher Vergrößerung oder mehr lassen sich im dreidimensionalen Bild des Irismikroskops alle Phänomene erkennen und zuordnen. Die Farbtupfer sind selbst mit der Lupe nicht immer eindeutig zu sehen.

Menschen mit graublauen Augen »leiden« mehr als andere. Sie empfinden ihre Krankheiten besonders intensiv. Dadurch erwecken sie in ihrer Umgebung leicht den Anschein, ständig zu kränkeln. Ganz im Gegensatz dazu steht ihre Lebenserwartung: Bei Greisen ist diese Konstitution ganz besonders häufig anzutreffen.

Die typische Iris

Ein typisches Beispiel für ein graublaues Auge (neurogene Konstitution) finden Sie im Bild D im Farbteil.

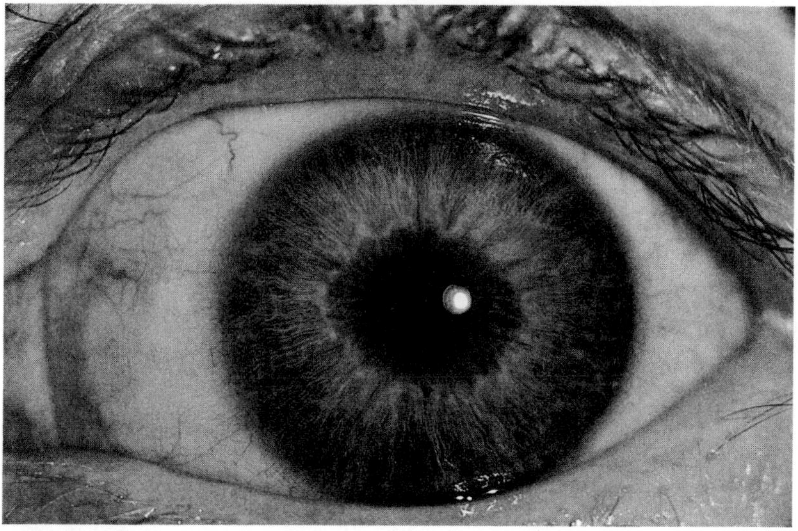

Bild 4: linkes Auge
graublau (neurogen)
keine auffälligen Zeichen

Diese Iris hat eine wundervoll gleichmäßige zarte Struktur. Die Bindegewebsfäden (die Radiären) zwischen der Darmkrause und dem Rand der Iris sind sehr dünn und fein; viel dünner und feiner als bei den anderen blauen Augentypen. Sie liegen dicht an dicht, so ordentlich nebeneinander wie gut frisiertes Haar.

Ganz selten finden wir dicke, aufgequollene oder verklebte Radiären. Ab und zu liegt ein Fädchen wie von der Darmkrause abgerissen quer zu den anderen.

Wir finden niemals grellweiße Wattetupfer am äußeren Rand (wie bei der rheumatischen Konstitution) oder ausgedehnte, schmutzig gelbliche Flecken (wie beim harnsauren Typ). Das Auge erscheint auch im Bereich der Darmkrause nicht wesentlich heller als am Irisrand.

Insgesamt macht die graublaue Iris immer ein unauffälliges Bild. Bei keiner anderen Konstitution sind sich das linke und das rechte Auge so ähnlich wie bei dieser. Das graublaue Auge kann grundsätzlich sehr gut von den anderen Konstitutionen unterschieden werden.

Die typischen Merkmale

Der neurogene Mensch überfordert sich leicht seelisch, nervlich und auch körperlich. Sein zentrales und sein unterbewußtes Nervensystem sind schwach und reizbar. Er spürt Schmerzen intensiver als alle anderen, sowohl den körperlichen als auch den seelischen, und reagiert auf Reize empfindlicher.

Diese Menschen sind grundsätzlich sehr empfindsam und haben ein sehr gutes Gespür für die abweichenden Reaktionen des eigenen Körpers. Sie sind aber keine Hypochonder, keine eingebildeten Kranken, sondern bemerken Veränderungen oder Krankheitssymptome einfach besonders früh.

Der neurogene Konstitutionstyp arbeitet gern, lange und zielstrebig; dabei überfordert er sich leicht, was er aber nicht zeigen mag. Deshalb wirkt er leicht reizbar und nervlich angespannt. Langfristig können sich daraus massive Erschöpfungszustände oder ein Nervenzusammenbruch entwickeln.

Bei diesem Typ finden wir häufig Kopfschmerzen und Migräne. Alles im Körper kann schnell intensiv schmerzen. Versteckte Depressionen entwickeln sich besonders häufig in hormonellen Umstimmungsphasen, also in der Pubertät und in den Wechseljahren.

Bei Männern treten diese Probleme gehäuft im sechsten Lebensjahrzehnt auf, wenn die körperlichen Leistungsgrenzen enger werden, der Leistungswille aber noch nicht dem Lebensalter entsprechend reduziert wurde. Sie wollen mehr schaffen als sie können. Das gilt genauso für den sexuellen Bereich. Auch hier und speziell in dieser Lebensphase überfordern sie sich leicht. Seelisch und nervlich bedingte Potenzstörungen sind häufig die Folge.

Meiner Erfahrung nach wird gerade dieser Typ besonders alt, speziell dann, wenn sich nach den Wechseljahren eine Kleinpupille (Miosis) herausbildet.

Eine grundsätzliche Empfehlung

Streit macht krank! Andauernder Streit macht chronisch krank. Menschen mit graublauen Augen können sich nicht erfolgreich streiten. Deshalb müssen sie, wenn sie nicht erkranken wollen, bei langfristigen Meinungsverschiedenheiten die Klügeren sein, also nachgeben oder das Feld räumen.

Menschen mit dieser angeborenen Veranlagung sollten sich ihren Freundes- und Bekanntenkreis besonders aufmerksam auswählen: Sie brauchen Gleichgesinnte auf gleicher Wellenlänge, mit denen sie sich austauschen können. Wer wird ihre Sorgen besser nachempfinden, ihre Nöte in der ganzen Tragweite richtig gut verstehen oder ihre Vorbehalte teilen, als ein anderer Mensch mit der gleichen Augenfarbe und derselben Konstitution.

Das grüne Auge

Grüne Augen, die besonders bei den Frauen so geheimnisvoll und interessant erscheinen, gelten in der Irisdiagnose nicht als eigenständige Konstitution. Eigentlich handelt es sich um eine blaue Iris, die durch einen Schuß gelbliche Auflage grün erscheint. Da diese Färbung bei allen bisher besprochenen blauen Augentypen auftreten kann, müßte sie dementsprechend als Untergruppe gelten.

Trotzdem beschreibe ich die grünen Augen hier als eigenständigen Konstitutionstyp, weil eine ganze Reihe spezifischer Merkmale nur auf Menschen mit dieser Augenfarbe zutrifft.

Die typische Iris

Ein typisches Beispiel für ein grünes Auge (Mischkonstitution) finden Sie im Bild E im Farbteil.

Jeder blaue Grundtyp kann durch eine gelbliche Farbüberlagerung in der oberen Schicht der Iris eine grüne Farbe annehmen. Wir gehen also

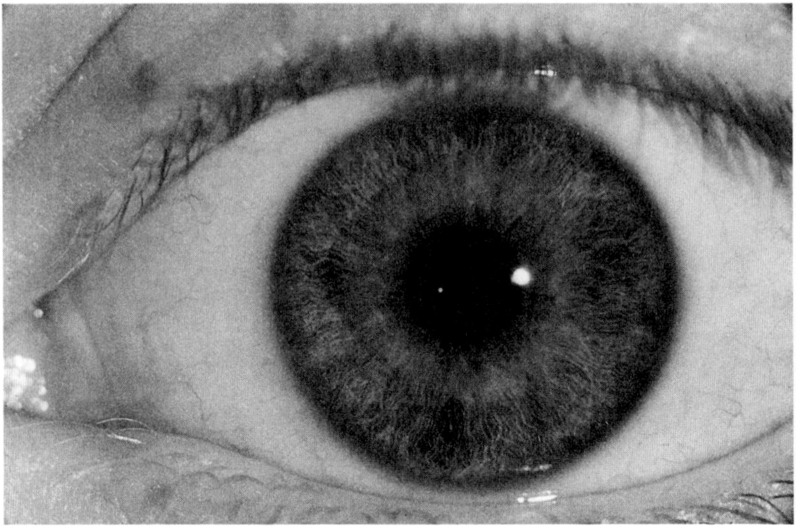

Bild 5: linkes Auge
grün (Mischkonstitution)
dunkler (Nieren-) Sektor 6.30 Uhr
dunkler Hautring am Limbus, besonders zwischen 1.00 und 5.00 Uhr

davon aus, daß die Grundkonstitution bestimmt wird entweder durch das dunkelblaue (rein lymphatische), stahlblaue (hydrogenoide), hellblaue (harnsaure) oder graublaue (neurogene) Auge.

Die Struktur der Bindegewebsfädchen (die Radiären) kann durch die gelbliche Überlagerung hindurch einwandfrei erkannt werden. Ihre weiße Farbe bekommt aber durch die Überlagerung einen gelben Stich, wie alle anderen Zeichen in diesen Augen.

Mit einer Lupe läßt sich deutlich erkennen, daß bei vielen grünen Augen die Darmkrause ganz unten in der Iris (6.00 Uhr) häufig ein wenig zur Pupille hin eingedrückt erscheint. Das darunterliegende Areal der Niere (Organkarte siehe Seite 36-39) ist meist erkennbar abgedunkelt.

Dichte gelbbräunliche Auflagerungen färben den blauen Grundton einer Iris dunkelgrün. Das dunkelgrüne Auge gehört nicht zu dem in diesem Kapitel beschriebenen Typ »Grün«, es kann beim hellbraunen Mischtyp entstehen, dem das nächste Kapitel gewidmet ist.

Die typischen Merkmale

Menschen mit grünen Augen trinken meist zu wenig. Sie trainieren sich das Trinken regelrecht ab. Häufig sind es Frauen, die sich zurückhalten, um keine auswärtigen Örtchen aufsuchen zu müssen. Dadurch werden die Nieren vernachlässigt, und die Nierenfunktion verkümmert. Oft genug entwickeln sich daraus erhebliche Beeinträchtigungen.

Bei den grünen Augen kommt es selten zu einer Übersäuerung des Körpergewebes mit allgemeinen Entzündungs- und Reizerscheinungen (wie beim hellblauen Auge/harnsaure Konstitution). Es liegt eher ein allgemeines Trockensein des Körpers vor. Damit werden alle Körperflüssigkeiten etwas »schärfer«. Das gilt für den Urin wie für die Tränen und den Schweiß. In diesen höher konzentrierten Körpersäften können sich leicht Kristalle bilden und Steine entstehen. Der Stuhlgang wird ebenfalls eher trocken und verstopft leicht.

Typisch für grünäugige Menschen ist die spontane Begeisterungsfähigkeit, die allerdings ebenso schnell wieder erlöschen kann wie ein Strohfeuer.

Weitere markante gemeinsame Eigenschaft dieser Menschen sind ihre Einnahmegewohnheiten für Medikamente. Der Heilpraktiker oder Arzt muß mit Engelszünglein argumentieren, um die Patienten von der Notwendigkeit einer langandauernden medikamentösen Therapie zu überzeugen.

Eine grundsätzliche Empfehlung

Wenn vor allem die grünäugigen Frauen sich nicht rechtzeitig wieder an ausreichende Flüssigkeitsmengen gewöhnen, müssen sie im Alter mit einer trockenen, faltigen Haut rechnen. Also: mehr trinken; d. h. Sie müssen zum Teil regelrecht trainieren und das Trinken wieder lernen, nachdem Sie es sich über Jahre hinweg abgewöhnt haben.

Das neue, sinnvolle Trinkverhalten kann nicht von heute auf morgen einsetzen. Probieren Sie erst einmal einen Monat lang, jeden Morgen eine Tasse mehr zu trinken, im Monat darauf dann abends eine Tasse zusätzlich. Im dritten Monat kommt die Extratasse zum Mittag.

Das hellbraune Auge

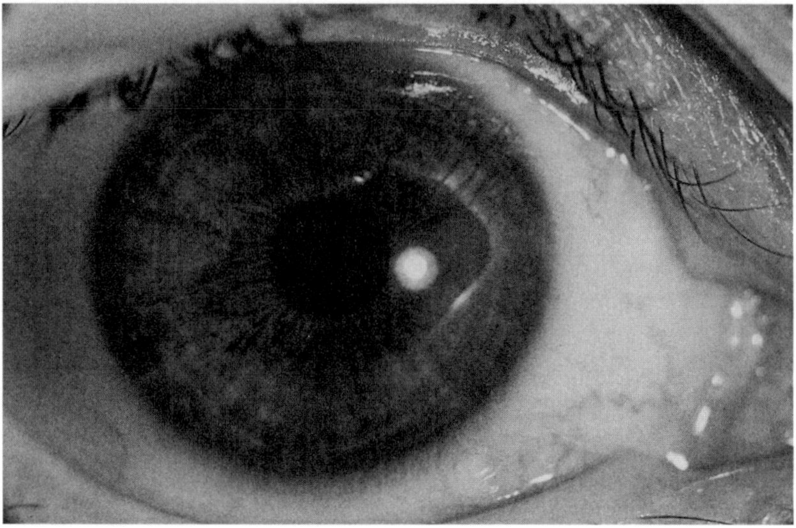

Bild 6: rechtes Auge
hellbraun (biliär)
lanzenförmige Lakunen bei 7.00 Uhr an der Darmkrause (Galle), daneben kleines einzelnes Leberpigment
Halbkreis um die Lichtquelle = Spiegelung

Das hellbraune Auge deutet auf eine biliäre Konstitution hin, eine Mischkonstitution, weil deutlich blaue, also lymphatische Anteile und auch braune (hämatogene) Bereiche in der Regenbogenhaut enthalten sind.

In keinem Augentyp lassen sich vermeintlich so viele verschiedene Schwächezeichen und Phänomene erkennen wie in den hellbraunen. Je länger ein unerfahrener Diagnostiker hineinschaut, um so mehr Anzeichen schwerwiegender Erkrankungen meint er identifizieren zu können.

Das liegt zum einen an der Mehrfarbigkeit dieser Iris. Um das meist dunkelbraune Zentrum sind die hellbraunen Farbschichten im äußeren Teil mal kräftiger und dicker, mal schwächer ausgebildet. Sie überdecken die blaue Grundfarbe und das Weiß der Bindegewebsfäden sehr unterschiedlich; dadurch entstehen viel mehr Farbkontraste als in den blauen Augen. Zum anderen sind die meisten Zeichen in den hellbraunen Augen grundsätzlich ein wenig größer und deutlicher ausgeprägt. Seien Sie bei diesem Konstitutionstyp ganz besonders vorsichtig bei der Deutung: Die Größe der einzelnen Farbtupfer oder der vermeintlichen Schwächezeichen lassen nicht auf die Dauer oder den Schweregrad einer Krankheit schließen.

Weil in diesem Augentyp schon sehr schwache Belastungen deutliche Zeichen hinterlassen können, ist das richtige Einordnen der Prioritäten ein wesentliches Problem bei den braunen Augen. Dabei kann ein ausführliches Gespräch wichtige Hinweise geben.

Die typische Iris

Ein typisches Beispiel für ein hellbraunes Auge (biliäre Konstitution) finden Sie im Bild F im Farbteil.

Beim hellbraunen Auge ist die Struktur der Radiären, der Bindegewebsfäden, auf jeden Fall an einigen Stellen der Iris gut erkennbar. Im Mikroskop sind meist darunterliegende, nicht ganz verdeckte hellblaue Bereiche zu sehen.

Außen am Rand der Regenbogenhaut sind häufiger blaue Stellen und Bindegewebsfäden vorhanden; zur Darmkrause hin überwiegen immer deutlicher die braunen Auflagerungen. An der Darmkrause bis zur Pupille zeigt sich nur noch eine überwiegend dunkelbraune Farbe.

Die Radiären können vereinzelt dick aufgequollen sein (wie bei der dunkelblauen – der rein lymphatischen – Iris) oder auch fein und zart, dicht nebeneinander liegend.

Die Zahl und die farblichen Unterschiede der Auflagerungen sind in dieser Gruppe besonders vielfältig – sie reichen von Brauntönen vom hellsten Beige bis zum Braunschwarz. Die ganze Bandbreite der unterschiedlichen Farbtöne läßt sich nur mit vielfacher Vergrößerung eindeutig erkennen. Aber schon mit der Lupe zeigt sich die bunte Vielfalt in der Iris. Hellbraun erscheinen die Augen nur aus einer gewissen Entfernung.

Die typischen Merkmale

Im Vordergrund stehen bei diesen Menschen Krankheiten und Schwächen der Galle und der Leber sowie nervöse und funktionelle Reizzustände der Schilddrüse. Deshalb wird dieser Konstitutionstyp »biliär«, gallig, die Galle betreffend, genannt.

Das Bild von der Laus, die einem über die Leber läuft und die Galle überkochen läßt, gehört zu diesem Typ. Entsprechende Reizzustände mit plötzlichem In-die-Luft-Gehen nach langen ruhigen Phasen kommen häufig vor. Sehr unterschiedliche Stimmungslagen sind typisch. Unerklärliche Herzunruhe und Pulsrasen, störrisches Haar, nervöse Schwitzphasen auch mit kalten Schweiß und ein Kloß-im-Hals-Gefühl treten bei diesem Konstitutionstyp gehäuft auf.

Die Chemiefabrik und Entgiftungszentrale Leber arbeitet träge. Der von ihr produzierte Gallensaft ist dicklich, aggressiv und fließt zäh. Die Gallenblase und die Abflußgänge werden permanent gereizt. Entsprechend häufig zieht und schmerzt es unter dem rechten Rippenbogen. Die rechte Schulter kann als Reaktionsfeld einer belasteten Leber langfristig schmerzen. Jahrelanges Hüsteln ohne Auswurf tritt auf. Vielfach verspüren diese Menschen permanente Müdigkeit. Ewig pappiger Mundgeschmack, quälende Blähungen und andauernde Verstopfung gelten als Zeichen fortschreitender Leberfunktionsschwäche.

Aus der dickflüssigen Galle können sich leicht Steine bilden, die die Gallenblase zusätzlich reizen und Koliken hervorrufen.

Eine grundsätzliche Empfehlung

Dieser Typ neigt dazu, Ärger in sich »hineinzufressen«. Wenn ihm dabei ständig »eine Laus über die Leber läuft«, wird die Galle »überkochen«. Das heißt: Menschen mit hellbraunen Augen müssen lernen, Ärger abzulassen, ihn abzureagieren, damit sich nicht auf Dauer ihre Schwachstelle – die Galle – entzündet. Dieser ständige Reiz belastet selbstverständlich auch die Leber.

Eine gestörte oder geschwächte Leber schmerzt nicht. Der Schmerz der Leber ist die Müdigkeit. Ständiges Schlafbedürfnis und anhaltende Müdigkeit trotz zeitlich ausreichender Nachtruhe sind die ersten Warnzeichen einer chronisch überforderten Leber. Weil sich diese Symptome langsam und schleichend melden, zuerst auch nur unbedeutend erscheinen und wenig belasten, werden diese Alarmsignale häufig übersehen.

Das dunkelbraune Auge

Dunkelbraune Augen sind eine echte Herausforderung für den Irisdiagnostiker. Es ist, als ob man die Maserung eines Holztisches beschreiben sollte, über dem eine dicke Tischdecke liegt. Andererseits fällt bei ihnen die Zuordnung des Konstitutionstyps besonders leicht.

Die diagnostischen Merkmale in der Struktur der Bindegewebsfäden (Radiären) sind durch den braunen Farbteppich verdeckt. Damit sind viele wichtige Zeichen für die irisdiagnostische Beurteilung nicht zu erkennen; trotzdem verbleiben immer noch genügend verwertbare Hinweise.

Sichtbar sind die Veränderungen auf der weißen Lederhaut, spezielle Farbeinlagerungen und dick ausgeprägte Adern (Augendiagnostiker nennen sie Leitgefäße), die wie eine Art Pfeil auf geschwächte Organbezirke hinweisen können. Auch der weiße Außenring (lipämische Diathese, siehe Seite 96) und die Innenringe (larvierte Tetanie, siehe Seite 98) sind einwandfrei zu erkennen.

Besonders helle Irisgebiete scheinen durch die braune Schicht hindurch; das gleiche gilt für die großen Schwächezeichen (Lakunen). Die hellen Bezirke, die auf entzündliche Vorgänge eines Organs hinweisen, sehen fast so aus, als wäre an dieser Stelle die braune Farbschicht ein wenig mit Sandpapier abgeschmirgelt. Ordnen Sie diese Stellen entsprechend der Organkarte dem darunterliegenden Organbezirk zu.

Bei diesem Konstitutionstyp muß verstärkt auf die indirekten Zeichen geachtet werden, auf Größe und Struktur der Darmkrause, die Veränderungen der Pupillenform, Besonderheiten am Pupillenrand oder Einlagerungen in der Linse. Einige Farbtupfer bilden sich sichtbar über allem. Durch die dunkle Augengrundfarbe wirken sie besonders düster; ihre Farbe schwankt zwischen braun und schwarz.

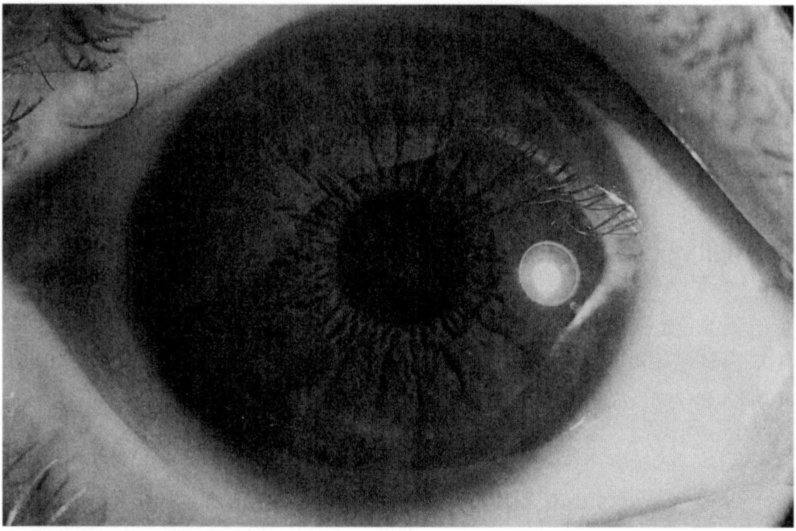

Bild 7: rechtes Auge
dunkelbraun (hämatogen)
deutliche Innenringe (larvierte Tetanie) in der unteren Hälfte
einzelnes schwarzes Pigment bei 8.00 Uhr (Galle)

Weil so viele Irisphänomene verdeckt sind, gehört eine große Portion Erfahrung dazu, aus den verbleibenden sichtbaren Zeichen die richtige diagnostische Interpretation herauszulesen.

Die typische Iris

Ein typisches Beispiel für ein dunkelbraunes Auge (hämatogene Konstitution) finden Sie im Bild G im Farbteil.

Von den Bindegewebsfäden, den Radiären, können wir bei diesem Konstitutionstyp überhaupt nichts erkennen. Der braune Farbteppich überdeckt alle. Wenn Bindegewebsfädchen (Radiären) hindurchscheinen, liegt ein hellbraunes Auge (ein biliärer Typ) vor. Prüfen Sie also genau, ob Sie irgendwo Radiären erkennen – vielleicht ist das Dunkelbraun gar keins, sondern eher ein Hellbraun.

Die Farbpigmente der oberen Schicht überdecken die gesamte Iris. Im Regelfall können wir trotzdem den Verlauf der Darmkrause deutlich sehen. Auch die Magen-Darm-Zone eng um die Pupille zeigt sich deutlich.

Die typischen Merkmale

Bei Menschen mit dunkelbraunen Augen breiten sich die Krankheiten häufig über die Blutbahn aus (darum hämatogene Konstitution) – im Gegensatz zu den Blauäugigen, wo die Verbreitung eher über die Lymphbahnen erfolgt.

Grundsätzlich gelten bei diesem Iristyp die Leber und der Darm als Schwachstellen des Körpers. Langjährige Belastungen dieser Organe können aus naturheilkundlicher Sicht der Nährboden für unzählige Folgeerkrankungen sein. Oder, andersherum ausgedrückt, mit Sanierung, Unterstützung und Regeneration von Leber und Darm sollte bei diesem Konstitutionstyp jede Therapie beginnen.

Eine grundsätzliche Empfehlung

Menschen mit braunen Augen können durch regelmäßiges Blutspenden für sich selbst am meisten profitieren, weil sie dadurch ihre konstitutionelle Schwachstelle kräftigen. Durch den freiwilligen Blutverlust werden die blutbildenden Zellen im Knochenmark trainiert und angeregt. Der »Lebenssaft« bleibt flüssiger, kann vom Herzen leichter durch Arterien und Venen gepumpt und in Leber und Nieren besser entgiftet werden.

Hilfen für die Zuordnung

Am Anfang jeder Behandlung steht die Bestimmung der Konstitution. Die ersten Versuche, die Konstitution aus den Augen zu lesen, fallen den meisten Menschen schwer. Nur nicht verzagen: Erfahrung macht den Meister. Im folgenden finden Sie einige Hilfestellungen und Tips, wie die Zuordnung in die richtige Gruppe einfacher wird.

Häufig kann die richtige Konstitution schon aus der Farbe der Augen eindeutig bestimmt werden. Das grüne Auge läßt sich relativ leicht einordnen, ebenso die dunkelbraunen Augen. Die Farbe ist so dick über die Regenbogenhaut verteilt, daß von den kleinen weißen Bindegewebsfäden (Radiären) zwischen Irisrand und Pupille nichts mehr zu sehen ist.

Auch die hellbraunen Augen machen bei der Konstitutionsbestimmung keine großen Probleme. In ihnen sind diese Fäden an vielen Stellen der Iris, meist sogar um das ganze Areal außerhalb der Darmkrause herum (Ziliarfeld) deutlich sichtbar durch die bräunliche Farbschicht. Mit der Lupe lassen sich manchmal einzelne blaue Stellen erkennen, meist überwiegt aber die darüberliegende gelbbraune Farbschicht. In der Mitte erscheint die Braunfärbung dunkler als am Rand, bedeckt aber immer den größten Teil der Regenbogenhaut. Ein eindeutig blauer Ring außen in der Iris könnte dafür sprechen, daß hier eine blaue Konstitution vorliegt mit einem braunen Innenring, wie im Kapitel »Die Konstitutionenlehre« (Seite 59ff.) beschrieben.

Die Zuordnung der verschiedenen Blautöne macht gelegentlich Probleme. Es kommt vor, daß zum Beispiel ein dunkelblaues Auge durch farbliche Auflagerungen hellblau erscheint, oder ein graublaues bekommt durch Farbschleier einen anderen Grundton.

Hier hilft die Struktur der Bindegewebsfäden in der Iris als weiteres Unterscheidungsmerkmal. In einem dunkelblauen Auge (rein lymphatische Konstitution) finden Sie gleichmäßig verteilte Fädchen, außen mit deutlichem Abstand, innen miteinander verschmelzend und einen weißen Ring bildend. Sehr viele, ganz feine und gleichmäßig verteilte Radiären sprechen für ein graublaues Auge (neurogene Konstitution). Finden sich im äußeren Drittel mehrere grellweiße Punkte, wie Wattebäuschchen, dann ist die Grundfarbe der Iris ein Stahlblau (hydrogenoide Konstitution). Das hellblaue Auge (harnsaure Konstitution) wirkt durch die Lupe betrachtet häufig ein wenig schmutzig, mit vielen kleinen Farbklecksen übersät.

In den Kapiteln über die angeborenen Belastungen sind die Unterschiede in der Struktur umfangreicher beschrieben (siehe Seite 59ff.). Dort sollten Sie bei einer Konstitutionsbestimmung beginnen.

Viele Leser werden sich in den typischen Merkmalen der Konstitutionen wiederfinden, die auf den Seiten 86/87 zusammenfassend beschrieben sind. Sie dürfen versichert sein: Wenn Sie das Aha-das-bin-ich-Erlebnis beim Lesen verspüren, haben Sie Ihre Konstitution gefunden. Wenn sich dieses bejahende Gefühl nicht eindeutig einstellt, liegen Sie eventuell genau zwischen zwei Konstitutionsgruppen. Das betrifft natürlich speziell die blauen Augen. Um Ihnen weitere Entscheidungshilfen zu geben, folgt auf der übernächsten Seite ein Fragebogen für die Blauäugigen. Sie sollten nur die Fragen zu den beiden Veranlagungsgruppen beantworten und vergleichen, zwischen denen Sie noch schwanken.

Beantworten Sie die jeweils fünf Fragen der beiden Gruppen, zwischen denen Sie sich entscheiden wollen. Antworten Sie nur entweder mit »ja« oder gar nicht, wenn Sie nicht uneingeschränkt zustimmen können. Wenn Sie nur drei oder weniger zustimmende Antworten geben können, prüfen Sie den restlichen Fragenkatalog. Vielleicht schwanken Sie zwischen den falschen Konstitutionen.

Sie gehören zu der Gruppe, für die Sie die meisten Ja-Antworten gegeben haben. Bei einem Unentschieden überprüfen Sie bitte die Antworten so lange, bis Sie ein nicht ganz hundertprozentiges »Ja« finden. Diese Frage zählt dann nicht mehr als positiv beantwortet: Damit sollte die Entscheidung für eine Gruppe gefallen sein.

Die Konstitutionen im Überblick

Grundfarbe	Konstitutionstyp	Struktur der Iris
dunkelblau	rein lymphatisch	unterschiedlich dicke und unregelmäßig verteilte Radiären, heller Ring um die Darmkrause
stahlblau	hydrogenoid	weiße Wattetupfer am äußeren Rand
hellblau	harnsauer	längliche, gelbweißliche aufgelagerte Farbtupfer am äußeren Rand
graublau	neurogen	sehr feine Struktur vieler dünner gleichförmiger Radiären
grün	Mischkonstitution	ein fahler, gelber Schleier auf blauem Grund
hellbraun	biliär	hellbraune Pigmente über die ganze Iris, Radiären sind sichtbar
dunkelbraun	hämatogen	brauner dicker Farbteppich auf der Iris, einzelne Radiären sind nicht zu unterscheiden

typische Merkmale	typisches Verhalten	Empfehlung
Schwellungen, Allergien, gutartige Wucherungen	organisch und seelisch überschießende Reaktionen	keine »anregende« Therapie, vorsichtige Dosierung
Wärme lindert; nachts weniger Beschwerden, Wetterempfindlichkeit	pünktlich, manchmal pedantisch, genau, zuverlässig	Haut anregen, Sauna, Bürstenmassage
schwitzt leicht, kühl ist angenehm, morgens steife Gelenke	dynamischer Bewegungstyp, kann gut improvisieren	bewußt essen und trinken lernen
»wandernde« Beschwerden, Migräne, Schmerzen, Asthma	leicht seelisch und nervlich überfordert, leidet intensiver als andere	Verhalten prüfen, Streit vermeiden
trockene Haut, »steinreich«, scharfe Körperausscheidungen	»Strohfeuertyp« = schnell begeistert – schnell vergessen	wieder trinken lernen
Schwäche von Leber, Galle und Schilddrüse	cholerisch, frißt Ärger in sich hinein	Ärger nach außen lassen, verarbeiten oder abreagieren
Schwäche des Blutes, des Darms und der blutbildenden Organe	Krankheiten breiten sich über das Blut aus	Darm sanieren, Blut spenden

Fragebogen für blauäugige Menschen

Dunkelblaue Augen (rein lymphatische Konstitution)	Ja
Haben Sie bei Infekten schnell Fieber?	
Kennen Sie bei sich allergische Reaktionen?	
Haben Sie schon einmal auf Medikamente heftig reagiert?	
Haben Sie als Kind Rachenpolypen gehabt?	
Verursachen Brennesseln oder Mückenstiche bei Ihnen dicke Quaddeln?	

Stahlblaue Augen (hydrogenoide Konstitution)	Ja
Sind Sie schlank?	
Sind Sie wetterempfindlich?	
Nehmen Sie Ihre Medikamente immer sehr genau ein?	
Fühlen Sie sich unter der warmen Bettdecke richtig wohl?	
Halten Sie eine Diät lange durch?	

Hellblaue Augen (harnsaure Konstitution)	Ja
Frieren Sie selten?	
Haben Sie eine stabile, kräftige Figur, vielleicht ein wenig vollschlank?	
Gilt für Sie bei pflanzlichen Medikamenten: Viel hilft viel?	
Lieben Sie action?	
Nehmen Sie leicht zu?	

Graublaue Augen (neurogene Konstitution)	Ja
Haben Sie (im übertragenen Sinne) eine »dünne Haut«?	
Sind Sie schmerzempfindlich?	
Spüren Sie beim Eintreten die schlechte Stimmung im Zimmer?	
Haben Sie leicht ein schlechtes Gewissen?	
Finden Sie, daß der Tag länger sein müßte, um alles zu schaffen?	

Die Untergruppen der Konstitutionen

Die übergeordnete Einteilung der Augen in Konstitutionsgruppen geschieht über die Augenfarbe bzw. die Struktur der Regenbogenhaut. Jeder Mensch wird grundsätzlich nur einer dieser sieben Gruppen zugeordnet. Einige weitere angeborene Belastungen können dagegen in allen Augen vorkommen. Die Augendiagnostiker haben sie deshalb in Untergruppen eingeteilt. Dazu gehören die Bindegewebsveranlagung, die Groß- oder Kleinpupille, der weiße Außenring und die Innenringe.

In jeder der bisher beschriebenen Konstitutionstypen können eine oder mehrere dieser Untergruppen enthalten sein. In allen blauen, grünen oder braunen Augen können sich sowohl Bindegewebsschwächen zeigen, als auch Groß- oder Kleinpupille, ein weißer Außenring und Innenringe vorliegen. Viele Augendiagnostiker zählen die Klein- und die Großpupille nicht zu den Untergruppen. Ihre Merkmale offenbaren sich aber so typisch und sie gelten uneingeschränkt für jeden Konstitutionstyp, daß es gerechtfertigt ist, sie hier aufzuführen.

Diese augendiagnostischen Phänomene entwickeln sich meist langsam. Sie entstehen im Regelfall während oder erst nach der Pubertät. Großpupillen habe ich schon relativ häufig bei Kleinkindern beobachtet, den weißen Außenring in all den Jahren nur zweimal vor dem zwanzigsten Geburtstag eines Patienten.

Die den Untergruppen zugeschriebenen Schwächen sind angeboren. Diese Schwachstellen schlummern manchmal ein ganzes Leben lang im Organismus, ohne jemals die Gesundheit und das Wohlbefinden zu beeinträchtigen. Erst wenn andere, zusätzlich belastende Faktoren hinzukommen, kann aus der Veranlagung eine Krankheit werden.

Die markanten Zeichen dieser Untergruppen lassen sich fast immer deutlich, meist sogar ohne Lupe erkennen. Ausnahme: Beim graublauen (neurogenen) Auge verstecken sich die Innenringe gelegentlich so, daß sie schwer erkennbar sind.

Groß- oder Kleinpupillen müssen bei gleichbleibender Beleuchtung beurteilt werden, am besten bei indirekter Beleuchtung, die ausreichend Licht zum Lesen bietet. Durch unterschiedliche Helligkeit verändert sich die Größe jeder Pupille sofort und in beiden Augen gleichmäßig. Eine Großpupille bleibt auch im Hellen relativ groß, eine Kleinpupille im Dunkeln recht klein. Grundsätzlich bleibt die Veranlagung zur Groß- oder Kleinpupille bestehen.

Einige Medikamente verändern die Größe der Pupillen. Dadurch kann ein falscher Eindruck entstehen. Entsprechende unangenehme Nebenwirkungen sind im Regelfall auf den Beipackzetteln vermerkt. Medikamentös bedingte Veränderungen bilden sich meist innerhalb von Stunden oder wenige Tage nach Absetzen des Präparates zurück.

Verschiedene äußere Ursachen beeinflussen die Größe der Pupillen. Dazu gehören neben den schon erwähnten Medikamenten einige Infektionskrankheiten, Alkohol und Drogen oder einfach Müdigkeit. Schmerz vergrößert den Pupillendurchmesser.

Die beiden Pupillen eines Menschen sind im Regelfall gleich groß.

Die Bindegewebsbelastung

Die Zeichen der Gewebsschwäche treten bei allen Konstitutionstypen auf. Deshalb ordne ich diesen Iristyp den Untergruppen zu, im Gegensatz zu vielen meiner Kollegen, die die Bindegewebsbelastung als separaten Konstitutionstyp bei den blauen Augen in der lymphatischen Reihe sehen. Oft genug habe ich die markanten Schwächezeichen des Bindegewebes bei hell- und sogar bei dunkelbraunen Augen beobachtet. Für mich haben die Belastungen der Konstitutionsgruppen Priorität vor dem Zeichen einer solchen Gewebeschlaffheit.

Die typische Iris

Ein typisches Beispiel für eine Bindegewebsschwäche finden Sie im Bild H im Farbteil.

Außerhalb der Darmkrause, aber direkt an sie angrenzend, finden sich viele große Schwächezeichen (Lakunen) in Blattform. Gemeinsam mit der Pupille und der darumliegenden Magen-Darm-Zone sehen sie fast wie

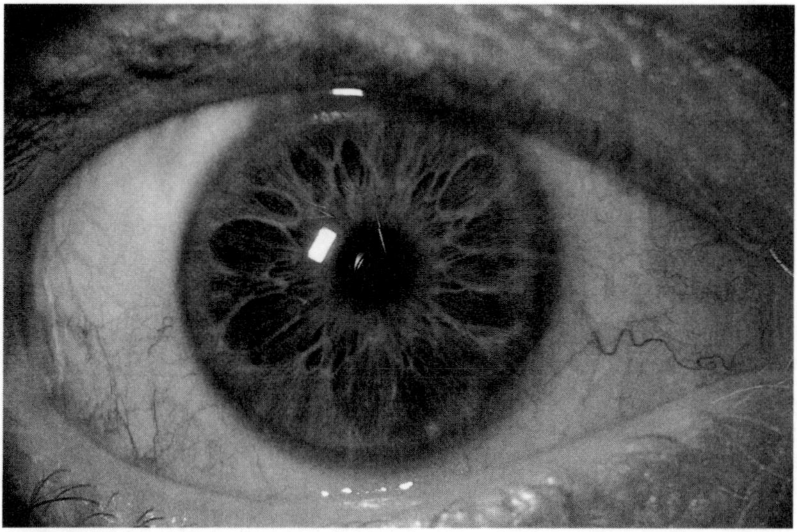

Bild 8: rechtes Auge
Bindegewebsschwäche (Maßliebcheniris)
viele große Lakunen als Zeichen der Bindegewebsschwäche
Lipoidhügel auf der Lederhaut bei 3.00 Uhr

eine Blüte aus. Deshalb wird dieser Augentyp manchmal auch Maßliebcheniris genannt.

Die Lakunen entstehen aus einem Auseinanderfächern und Verkleben der Bindegewebsfäden. Die Größe und die Zahl der Schwächezeichen in der Maßliebcheniris beeindrucken immer wieder. Eine Lakune bedeutet immer Leistungsverlust und Schwäche. Da alle Organe und Körperteile Bindegewebe enthalten, tauchen diese Zeichen bei dieser Untergruppe generalisiert rund um die Pupillen auf. Unabhängig von ihrer Größe sind sie als Augenphänomen nicht einem einzelnen Organ zuzuordnen.

Die typischen Merkmale

Unser Bindegewebe kann im Laufe des Lebens leider nur schlaffer werden; es kann nicht regenerieren und sich erneut jugendlich straffen. Bei diesen Menschen altert es deutlich schneller als gewöhnlich. Frauen, die zu diesem Typ gehören, haben relativ früh Probleme mit Busen und Haut. Die Bindegewebsschwäche führt außerdem zur Senkung der Gebärmutter, die Blase wird gedrückt und oftmals undicht.

Venenschwäche mit Krampfaderneigung, Hämorrhoiden und eine Vergrößerung des Herzmuskels werden bei diesem Augentyp überdurchschnittlich oft beobachtet.

Fast alle Menschen mit dieser Veranlagung bekommen Rückenprobleme durch Bänderdehnungen oder Bandscheibenschäden. Sportbegeisterte Jugendliche dieses Typs verletzen sich eher als ihre Sportkameraden. Bänderrisse und Überdehnungen, Muskel- und Meniskusprobleme sowie Haltungsschäden sind zu erwarten.

Eine grundlegende Empfehlung

Bindegewebsschwäche läßt sich nicht heilen. Sportliche Übungen trainieren und kräftigen die Muskeln, aber niemals die Bänder, die Sehnen oder die Gelenke. Eine bewußte, vernünftige Lebensweise kann eine frühzeitige Erschlaffung deutlich hinauszögern, genauso wie Ernährungsfehler und unsolides Leben dem Gewebe schaden und es früher altern lassen. Die richtige Ernährung spielt für das Bindegewebe die Hauptrolle.

Alle Gifte sind grundsätzlich zu meiden oder soweit wie möglich einzuschränken: Kaffee, Nikotin, starke Gewürze, Alkohol und Süßigkeiten. Alle gutschmeckenden Dick- und Süchtigmacher sind leider Gift für das Bindegewebe. Jede einseitig übertriebene Ernährung rächt sich und schadet dem Körper.

Die Kleinpupille

Ein weiteres typisches Beispiel für eine Kleinpupille (Miosis) finden Sie im Bild I im Farbteil.

Mit ein wenig Training können Sie Pupillengrößen ohne Lupe aus einiger Entfernung erkennen. Achten Sie in Gesprächen mit anderen auf deren Augen: Sie können sich viel leichter auf Ihr Gegenüber einstellen.

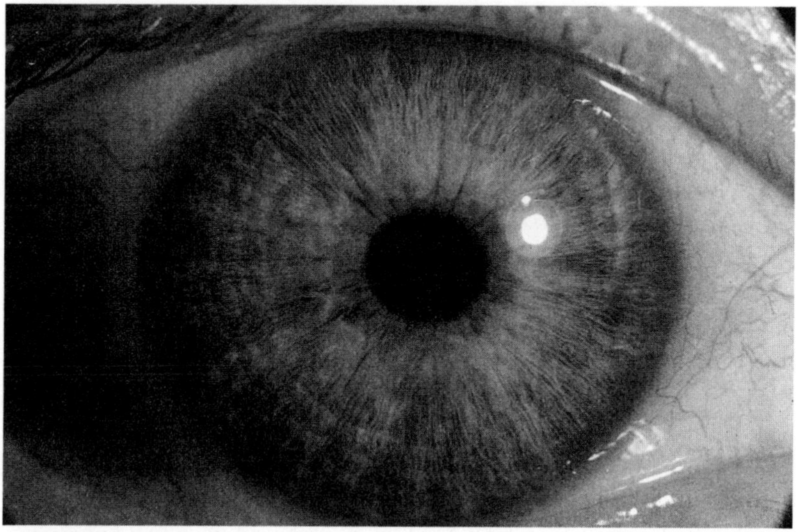

Bild 9: rechtes Auge
Kleinpupille (Miosis)/graublau – neurogen
deutliche Innenringe in der linken Hälfte (larvierte Tetanie)

Vorsicht: Verschiedene Drogen und histaminhaltige Medikamente können genauso wie Müdigkeit und verstärkte Ausatmung eine Kleinpupille erzeugen. Vergewissern Sie sich vor der augendiagnostischen Beurteilung, daß nicht eine dieser Ursachen vorliegt.

Bei gleichmäßigem, durchschnittlich starkem Licht, beispielsweise einer indirekten Kaufhausbeleuchtung oder einer blendfreien, aber hellen Beleuchtung im Wohnzimmer, beträgt der Durchmesser einer normal großen Pupille etwa ein Drittel der Irisgröße. Ein deutliches Abweichen von diesem Größenverhältnis bei gleichen Lichtverhältnissen wird irisdiagnostisch bewertet. Wir sprechen von einer Kleinpupille, wenn die Linse ein Viertel vom Durchmesser der Regenbogenhaut mißt oder noch weniger.

Menschen aus dieser Untergruppe sind berührungsempfindlich. Sie mögen nicht angefaßt werden. Sie essen gern und häufig, aber meist nur kleine Portionen. Wenn ihre Gedanken sie nicht zur Ruhe kommen lassen, schlafen sie schlecht.

Ein Mensch mit einer Kleinpupille kennt sein Ziel und den Weg dorthin. Selbst wenn Hindernisse im Wege stehen, wird das Ziel gradlinig angepeilt. Er freut sich über die Bestätigung seiner Meinung. Wenn nötig, kann er seine Ohren »auf Durchzug« stellen und sich als »Dickkopf« zeigen. Er hat seine Meinung, seine Überzeugung, die sich durch nichts leicht erschüttern läßt. In Diskussionen läßt sich keiner so schwer überzeugen wie er. Sein Maßstab gilt. Natürlich hat er meistens recht.

Besonders bei älteren oder greisen Menschen entwickeln sich häufig Kleinpupillen. Hier zeigen sich die eben beschriebenen Symptome überdeutlich: Der Altersstarrsinn geht grundsätzlich mit einer Kleinpupille einher.

Kinder mit Kleinpupillen machen oft einen hysterischen Eindruck. Sie gelten als »Schreikinder«, sind schreckhaft und steigern sich häufig in einen heftigen Schluckauf. Diese Kinder leiden unter nächtlichen Angstzuständen.

Beim grünen Star (Glaukom) entwickelt sich regelmäßig eine sehr kleine Knopfpupille, die augendiagnostisch nicht bewertet werden sollte. Diese chronische Krankheit entsteht und festigt sich meist im letzten Lebensdrittel. Während eines akuten Glaukomanfalls erweitert sich die Pupille unnatürlich. Weil dabei die Gefahr der Erblindung besteht, gehört dieser Patient schon bei Verdacht der Erkrankung in fachärztliche Behandlung.

Die Großpupille

Ein weiteres typisches Beispiel für eine Großpupille finden Sie im Bild K im Farbteil.

Bei normalem durchschnittlichen Licht, beispielsweise einer indirekten Kaufhausbeleuchtung oder einer blendfreien, aber hellen Beleuchtung, beträgt der Durchmesser einer normalgroßen Pupille etwa ein Drittel der Irisgröße. Von einer Großpupille sprechen wir, wenn die Linse fast die Hälfte vom Durchmesser der Regenbogenhaut bedeckt oder noch mehr.

Viele Medikamente können eine Großpupille erzeugen. Dazu gehören Atropin, Belladonna und Scopalamin. Auch Alkohol, Nikotinmißbrauch und starke Schmerzen erweitern die Pupillen übermäßig. Bei Infektionen der Hirnhäute entwickelt sich die Mydriasis, so wird die Großpupille auch genannt, vorübergehend, in blinden Augen bleibt sie für immer.

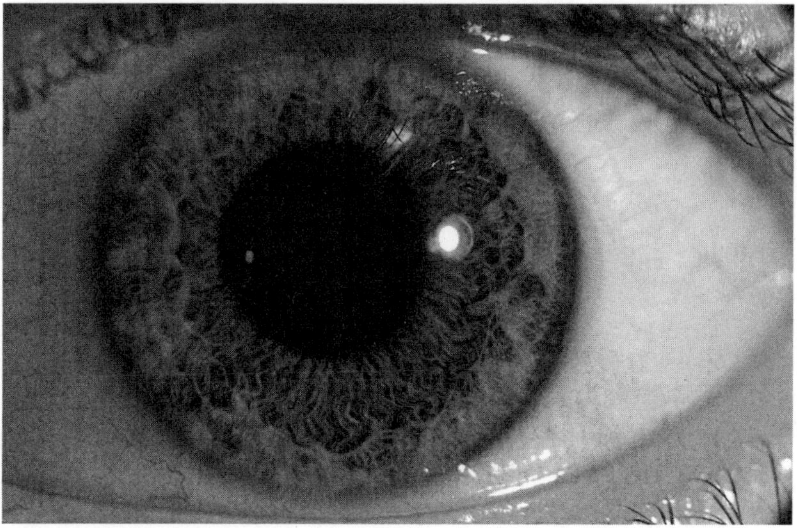

Bild 10: linkes Auge
Großpupille (Mydriasis)/hellbraun – biliär
stark vergrößerter Magen-Darm-Sektor

Menschen mit einer übergroßen Pupille sind grundsätzlich sehr empfindsam. Sie fühlen viel intensiver als die anderen, im Positiven als auch im Negativen. Wenn sie ein Zimmer betreten, spüren sie sofort, ob dort gute oder schlechte Stimmung herrscht. Sie können sich von Herzen über die kleine Blume am Wegesrand freuen. Ihre Gefühlswelt bietet eine große Bandbreite, in der Licht und Schatten gleichmäßig verteilt vorkommen. Ihre Sensibilität läßt sie intensiver leben, leiden und fühlen. Niemand sonst kann von Herzen so fröhlich, glücklich und dankbar, aber auch so enttäuscht oder depressiv sein. Hier fließen Tränen – sowohl bei Freud als auch bei Leid.

Diese Menschen sind anschmiegsam und lieben die Berührung. Sie wollen geführt sein und suchen gern die Stärke in ihrer Nähe. Sie geben Liebe und Vertrauen. Sie neigen dazu, die Augen zu verschließen und enttäuscht zu werden. Die Angst vor der Zukunft kann ihr Handeln prägen. Oft wird in banalen Situationen das Schlimmste befürchtet und bis zum negativen Ende durchdacht. Die Kinder pfeifen im Keller und schauen in der Dämmerung hinter die Bäume, bevor sie vorbeigehen.

Natürlich träumen diese Menschen intensiv und phantasievoll. Leider können sie ihre Ängste nicht immer aus den Träumen fernhalten.

Zu dieser Gruppe gehören die musisch veranlagten Menschen und die betont religiös interessierten.

Der weiße Außenring

Ein weiteres typisches Beispiel für den weißen Außenring finden Sie im Bild L im Farbteil.

Der weiße Außenring (die lipämische Diathese) ist etwas größer als die Iris. Dadurch überlappt er den Außenrand der Regenbogenhaut ein wenig. Meist entwickelt er sich im letzten Lebensdrittel erst als bläulichweißer, manchmal gelblichweißer Ring. Er ist dann noch kreisrund, recht schmal und durchsichtig.

Im Laufe von Jahren entwickelt er sich weiter, wird immer dichter, undurchsichtiger und auch breiter. In manchen Augen bedeckt er letztlich beinahe die Hälfte der Iris. Dabei kann er auch eine elliptische Form annehmen. In vielen Augen entsteht nur ein Teilring, entweder in der oberen oder der unteren Augenhälfte. Niemals verdeckt er die Pupille. In braunen Augen ist er üblicherweise kräftiger und größer ausgeprägt als in den blauen.

Augendiagnostiker nennen diesen Ring auch Cholesterinring, weil er der sichtbare Ausdruck einer Fettstoffwechselstörung ist. Es gibt ihn als ererbte, genetische Veranlagung und als erworbene Schwäche. Solange nur die Veranlagung vorliegt, können die Blutwerte für den Cholesterinspiegel und die Triglyceride durchaus im erlaubten Rahmen liegen.

Lassen Sie sich nicht von der allgemeinen Cholesterinhysterie anstecken. Ob Margarine oder Butter normal fettig oder fettreduziert gegessen wird, macht keinen allzu großen Unterschied. Übertrieben viel Fett, vor allem aber nicht ausgeglichener Dauerstreß führen viel eher zu erhöhten, gesundheitsgefährdenden Werten.

Der weiße Außenring spiegelt die Veranlagung zur inneren Verfettung wider; vor allem die Leber und die Arterien neigen zu vorzeitiger Fetteinlagerung. Menschen mit diesen Augenzeichen leiden eher unter den negati-

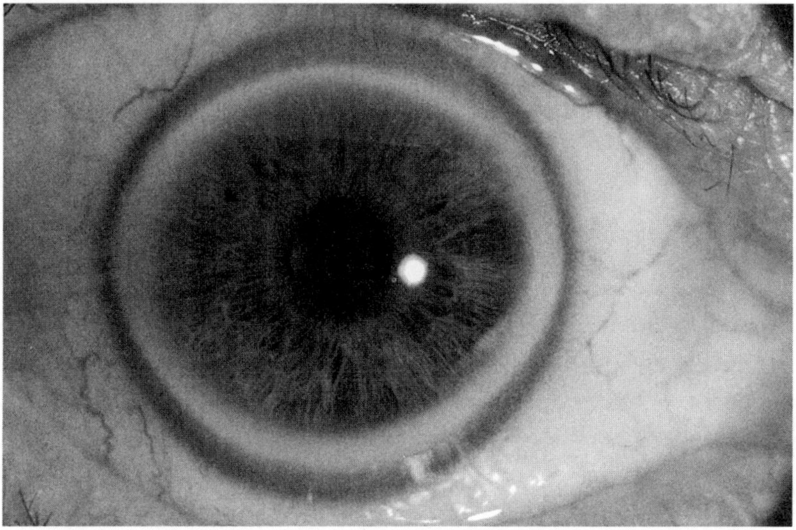

Bild 11: rechtes Auge
dunkelblau – rein lymphatisch
weißer Außenring (lipämische Belastung)

ven Folgen einer Blutüberfettung als die anderen. Zu hohe Blutwerte müssen – am besten auf biologischem Wege – nachhaltig gesenkt und die Diätanweisungen und Ernährungsrichtlinien konsequent eingehalten werden. Sonst könnten weiterführende Stoffwechselbelastungen, ein Eindicken des Blutes und Arterienverkalkung zwangsläufige Folgen sein.

Zu den besonders häufigen Erkrankungen bei dieser Veranlagung gehören alle Formen der Durchblutungsstörungen, Venenentzündungen und die Gefahr von Thrombosen und Embolien.

Nicht immer entwickelt sich dieser Ring gleichmäßig um die ganze Iris herum. In manchen Augen finden wir ihn nur oben oder unten, gelegentlich an seitlichen Teilstücken der Regenbogenhaut. Er entsteht dort, wo die Durchblutung im Körper am stärksten beeinträchtigt ist: Ein Teilring oben weist auf die Kopfregion, unten auf die Beine und seitlich auf die Leber, das Herz oder den jeweiligen Organsektor der Organkarte. Die Dicke oder die Intensität des Ringes läßt keinen Rückschluß auf den Grad der Durchblutungseinschränkung zu, allenfalls auf deren Dauer.

Nur in seltenen Fällen habe ich den weißen Außenring bei einem Patienten schon vor seinem 50. Geburtstag beobachten können. Die Schulmedizin kennt dieses Phänomen als Greisenring, weil es bevorzugt in der letzten Lebensphase auftritt.

Die Innenringe

Ein weiteres Beispiel für die Innenringe finden Sie im Bild M im Farbteil.

Die Innenringe (larvierte Tetanie) bilden sich als vertiefte Furchen quer zu den Radiären. Sie können rund um die ganze Iris auftreten, manchmal als nahezu geschlossener Kreis, viel häufiger als Kreisausschnitt in einem Teilsegment des Auges.

Wir finden sie immer außerhalb der Darmkrause; nicht selten liegen mehrere konzentrisch hintereinander. Die Anzahl dieser Ringe oder deren Länge haben keinerlei Einfluß auf die diagnostische Aussage.

Im graublauen (neurogenen) und im dunkelblauen (rein lymphatischen) Auge sind sie manchmal unauffällig und nur schwer zu erkennen, bei den braunen Typen sind sie viel deutlicher ausgebildet und einfacher zu sehen. Ihre Organzuordnung ist anfangs nicht so leicht, mit mehr Erfahrung wird die Einschätzung zunehmend einfacher. Die Ringe werden dem Organbezirk zugeordnet, über dem sie entweder abbrechen, versetzt weiterlaufen oder in ihren »Tälern« massiv aufgehellt sind.

Irisdiagnostiker nennen diese Furchen Krampfringe oder Zirkulationsfurchen. Menschen mit diesem Irisphänomen tragen in sich eine Veranlagung zu nervlicher, seelischer und muskulärer Verkrampfung. Damit kann die Neigung zu Gefäßspasmen (Arterienverkrampfung), also Migräne, angedeutet sein, ebenso wie zu Angina pectoris, Asthma oder Koliken von Darm und Galle. Auch Bauchschmerz, Menstruationskrämpfe oder einfache Muskelverspannungen kommen bei diesen Menschen gehäuft vor.

Personen mit Krampfringen in den Augen entwickeln leichter Angstzustände mit unklarer Ursache wie Platzangst oder Höhenangst, Überempfindlichkeit gegen Geräusche, Gerüche oder Licht, gelegentlich auch Depressionen und Neurosen.

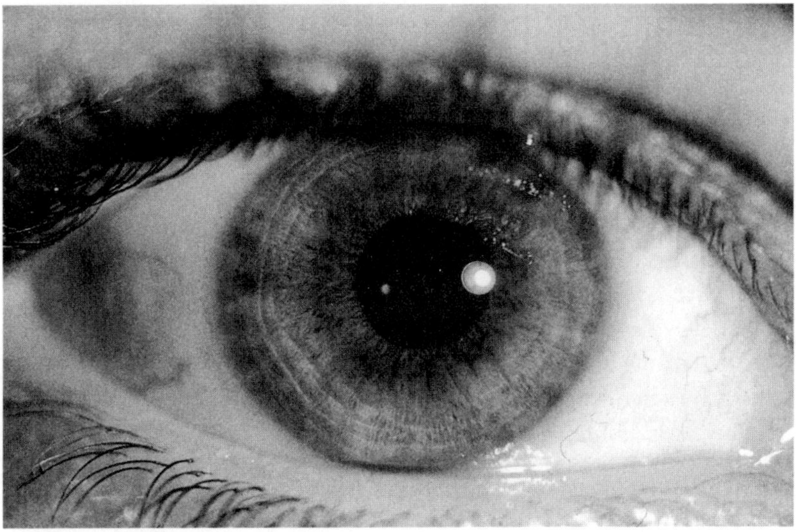

Bild 12: rechtes Auge
Innenringe/ hellbraun – biliär

Die Dispositionen: erworbene Veranlagungen

Neben den angeborenen konstitutionellen Zeichen entwickeln sich im Laufe des Lebens Veränderungen in der Iris, die durch Umwelteinfluß oder -gifte, chronisch wiederkehrende Entzündungen, Streß und lang andauernde Belastungen ausgelöst werden. Diese Zeichen signalisieren im Regelfall anfänglich die Bereitschaft zur Erkrankung, dann den Leistungsverlust, den Zustand chronischer Erkrankung, die Neigung zur degenerativen Entartung und letztlich den Ausfall der Organfunktion.

Die typischen Konstitutionsmerkmale bilden sich auf der Regenbogenhaut bis zum zehnten Geburtstag heraus und begleiten den Menschen lebenslang. Sie zeigen zwar alle angeborenen körperlichen Veranlagungen und Schwächen; ihre Aussagen sind aber grundsätzlich nicht ausschließlich auf ein Organ bezogen, sondern auf den gesamten Körper, auf die Einheit aus Organen, Seele und Geist.

Die erworbenen Veranlagungen beziehen sich grundsätzlich auf Teilbereiche des Körpers, auf einzelne Organe oder deren Funktion. Auch wenn jede Fehlfunktion Auswirkungen auf das gesamte Organsystem hat, so ist das Zeichen einer erworbenen Veranlagung sehr viel spezieller, punktgerichteter als ein Konstitutionszeichen.

Dispositionen betreffen immer nur ein Organ oder Organsystem, z. B. das Bronchialsystem, die Leber oder das Herz. Sie sind ein hilfreicher Hinweis für eine weiterführende schulmedizinische Untersuchung.

Besonders häufig bilden sich die Zeichen chronischer oder krankhafter Veranlagung bei den Organen, die schon konstitutionell als geschwächt gelten müssen. Die angeborenen Veranlagungen (Konstitutionen) lassen sich im Regelfall nicht durch Laborbefunde beweisen, die erworbenen Veranlagungen (Dispositionen) früher oder später.

Bei den Dispositionszeichen unterscheiden wir Aufhellungen und Abdunklungen. Alles Helle deutet auf einen akuten Zustand wie Reizung, Entzündung, Schwellung oder Schmerz; alles Dunkle weist auf eine chronische Situation mit Leistungsschwäche, -verlust oder Degeneration.

Die irisdiagnostische Beurteilung erworbener Augenphänomene will kein medizinisches Untersuchungverfahren ersetzen oder entbehrlich machen. Aber wir erhalten durch sie wertvolle Hinweise auf die Ursachen langjährig bestehender Symptome und für deren erfolgreiche Therapie.

Die hellen Zeichen

Helle Zeichen oder helle Stellen bilden sich grundsätzlich durch Veränderungen in der Struktur der Bindegewebsfäden (Radiären). Diese können einzeln grellweiß scheinen, sich verdicken und aufquellen, näher beieinander liegen oder miteinander verkleben. Sie sind immer das Zeichen für ein akutes Geschehen.

Wir verwenden in der Irisdiagnose zwar den Begriff akut, meinen aber nicht, daß hier die Tagesform oder eine gerade erstmalig entstandene

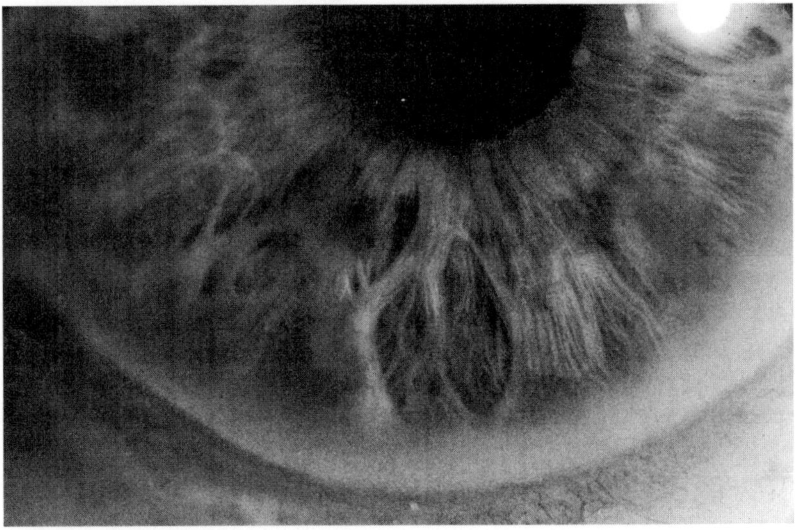

Bild 13: rechtes Auge
dunkelblau – rein lymphatisch
bei 6.00 Uhr (Nierensektor) geschlossene Lakune,
daneben halboffene Lakune mit dicker weißer Verklebung der Radiären,
diverse Leberpigmente
weißer Außenring

Krankheit angezeigt wird. Die Augen verändern sich ganz langsam und geringfügig über Monate, wenn eine entzündliche Situation mehrfach oder lang andauernd aufgetreten ist.

Bei chronisch wiederkehrenden entzündlichen Krankheiten hellt die entsprechende Organregion auf. Die Radiären verdicken sich, quellen auf oder verkleben miteinander. Die Aufhellung einer ganzen Organregion läßt sich gut erkennen. Wenn es um eindeutige Identifizierung spezieller kleiner Zeichen, wie z. B. einer einzelnen aufgehellten Radiäre oder eines einzelnen kleinen weißen Punktes, geht, braucht es eine gute Lupe, eine vernünftige Beleuchtung und ein wenig Erfahrung.

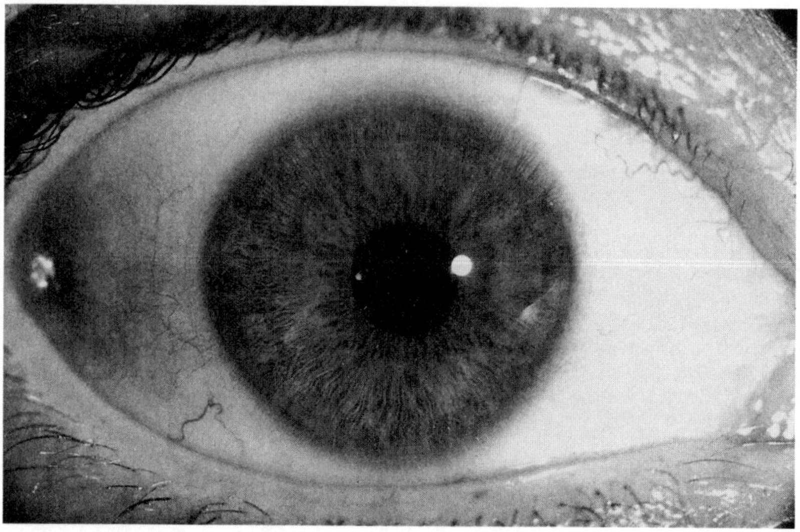

Bild 14: rechtes Auge
dunkelblau – rein lymphatisch
helle Region bei 7.00 Uhr an der Darmkrause mit Leitgefäß
dunkle Flecken auf dem Unterlid

Eine einzelne gezackte, strahlend silbrig glänzende Radiäre zeigt ein schmerzendes Organ an. Eine quer verlaufende, scheinbar abgerissene Radiäre entsteht bei Organschwellung oder -stauung und bei gutartigen Zellneubildungen.

In einem hellrot durchbluteten (vaskularisierten) Bindegewebsfaden oder einer entsprechenden Transversale zeigt sich die akute, hochgradig gefährdete Situation. Durch eine erfolgreiche Behandlung verblaßt diese hellrote Zeichnung, wird dunkelroter und unauffälliger, bis die Farbe ganz verschwindet. Die rot durchbluteten Radiären sind die am schnellsten reagierenden Phänomene in der Iris.

Die dunklen Zeichen

Die dunklen Areale sind mit einer guten Lupe problemlos im Auge zu erkennen. Sie signalisieren eine chronische Organschwäche. Die langsame Abdunklung ist häufig das erste Zeichen einer krankhaften Veränderung.

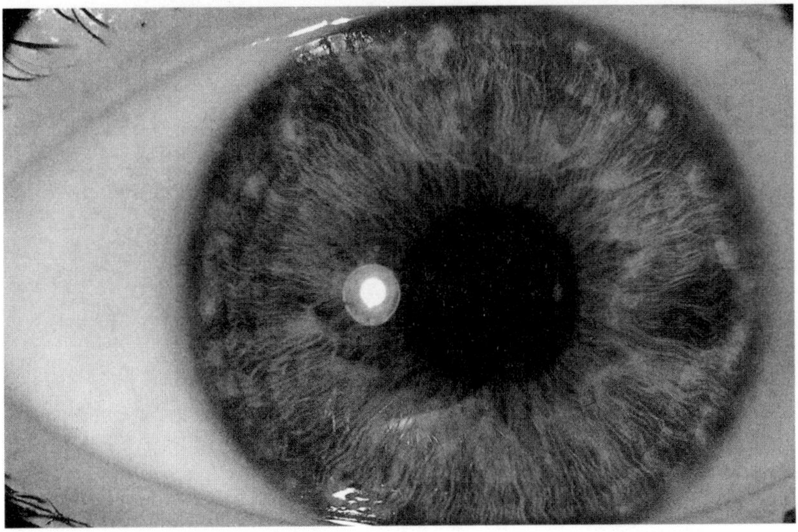

Bild 15: rechtes Auge
stahlblau – hydrogenoid
dunkler Sektor bei 3.00 Uhr

Blattähnliche Gebilde (Lakunen) sind Zeichen, die den beginnenden Leistungsverlust eines Organs anzeigen. Große Lakunen findet man ohne Probleme mit der Lupe. Ein komplett umschlossenes Blatt mit relativ gleichmäßigen Rändern gilt als »schlafendes« Zeichen, das die Belastung anzeigt, nicht unbedingt die Erkrankung. Eine angelagerte kleine, meist weiße Aufhellung »weckt« es und deutet die Entwicklung eines insuffizienten oder degenerativen Zustands an.

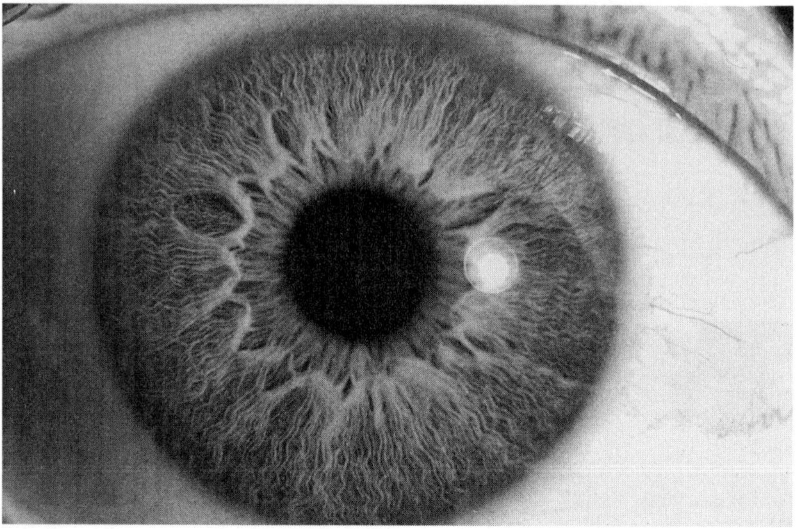

Bild 16: rechtes Auge
dunkelblau – rein lymphatisch
Lakune bei 9.30 Uhr (Herz, rechts)
helle Magenregion

Bei halboffenen Lakunen, die nur teilweise von verklebten Radiären umrandet sind, sehen Irisdiagnostiker größere Probleme bei der Behandlung mit schlechteren Heilungschanchen für den Patienten. Bei diesen Zeichen lassen sich in den meisten Fällen klinische oder labortechnische Beweise für die Erkrankung finden.

Bei diesen Irisphänomenen gilt: Je kleiner, desto gemeiner. Ihre einwandfreie Identifizierung ist schwierig. Diese dunklen, kleinen, fast schwarzen Schwächezeichen mit sehr unterschiedlichen Formen (Leiterlakunen, Lanzettlakunen, Schnabellakunen und Krypten), die eine Entwicklung zum Tumor anzeigen können, lassen sich nur mit ausreichender Vergrößerung und entsprechender Erfahrung einwandfrei identifizieren.

Die farbigen Auflagerungen

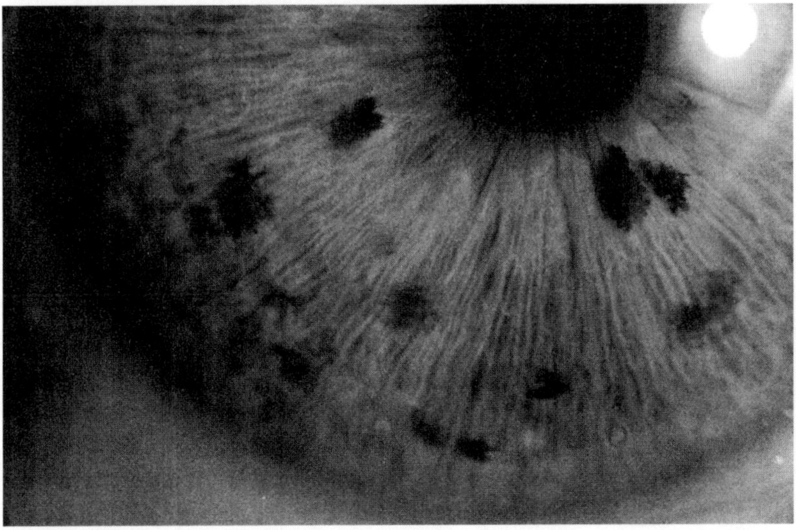

Bild 17: rechtes Auge
graublau – neurogen
Kleinpupille (Miosis)
Innenringe (larvierte Tetanie)
diverse Leberpigmente

Oberhalb der Bindegewebsstruktur können sich auf der Regenbogenhaut unabhängig von der Grundfarbe der Konstitution farbige Ablagerungen (Pigmente) ansammeln. Sie sind nicht angeboren, entstehen meist erst im Erwachsenenalter und gelten als Hinweise für erworbene Belastungen.

Sie werden normalerweise nach ihrer Farbe, seltener nach der Form oder ihrer Lage einem Organ zugeordnet. Die meisten können auf dem ganzen Areal der Iris (topolabil) entstehen. Liegt ein Pigment genau auf dem Teil der Organkarte, das dem Organ seiner farblichen Zuordnung entspricht (topostabil), wird diese Übereinstimmung nicht als Zufall, sondern als verstärkende Aussage bewertet. Findet sich zum Beispiel ein von seiner Farbe her leberbezogener Farbklecks auf dem Lebersektor der Organkarte, wird die Leber als besonders stark belastet beurteilt.

Pigmente können uneingeschränkt auf der gesamten Regenbogenhaut vorkommen. So entstehen z. B. braune, leberbezogene Farbkleckse möglicherweise auf dem Herzareal, im Kopfbereich oder sonstwo auf der Organkarte.

Die Zahl der Auflagerungen ist nicht entscheidend. Unter Umständen sagt ein einzelner Tupfer viel mehr aus als ein ganzer Schwarm. Das gilt besonders für topostabile Pigmente, also dann, wenn sie auf dem ihnen zugeordneten Organbereich liegen.

Helle Regionen

Grundsätzlich können sich auf allen Organsektoren in der Regenbogenhaut helle Stellen bilden. Es sind keine Farbauflagerungen (Pigmente). Sie entstehen aus der Verdickung, der Aufquellung oder der Verklebung von Radiären. Häufig liegt auf dem der Erkrankung entsprechenden Gebiet der Organkarte ein helles Zentrum. Die meist nicht ganz so strahlend hellen Seitenbereiche können sehr breit sein und sich über die benachbarten Bezirke anderer Organe auf der Organkarte ausbreiten.

Die Organsektoren oder die Organsystemregionen mit gut zu unterscheidenden hellen Zeichen sind: Die Magenregion, die Darmregion mit der Darmkrause, die Bauchspeicheldrüsenpunkte, der Leber-Gallen-Sektor, der Nierensektor, der Herzsektor, der Lungensektor und die Kieferregion.

Die Magenregion

Aufhellungen der Magenregion strahlen nicht auf andere Organgebiete aus. Sie überdecken immer nur den schmalen Ring rund um die Pupille.

Ein hell leuchtendes Magenfeld zeigt eine chronische Gastritis an. Der weiß leuchtende Ring um die Pupille ist unverkennbar. Die Ursache der Magenschleimhautentzündung kann falsche Ernährung sein, Alkohol-, Zigaretten- oder Gewürzmißbrauch, aber auch eine Reaktion auf eine Gallen- oder Bauchspeicheldrüsenreizung. Diese Ausgangsbasis bildet ei-

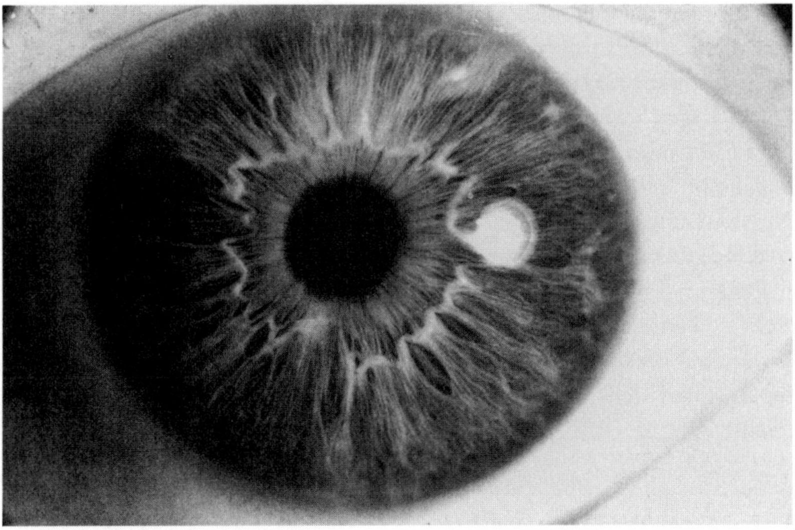

Bild 18: linkes Auge
dunkelblau – rein lymphatisch
eingedrückte Darmkrause bei 6.30 Uhr (Nierensektor)
helle Magenregion, helle Darmkrause

nen idealen Nährboden für den Helicobacter pylori, ein Bakterium, das von den Schulmedizinern mit hochwirksamen Antibiotika bekämpft wird. Eine frühzeitige naturheilkundliche Behandlung kann das Einnisten des Erregers mit all seinen unangenehmen Folgen verhindern.

Die Darmregion

Auch die Aufhellungen der Darmkrause beschränken sich auf ihren zackigen Ring rund um das Magen-Darm-Feld. Sie überstrahlen keine benachbarten Organgebiete. Ausnahme: Eine total weißlich strahlende Magen-Darm-Region mit einer genauso hellen Darmkrause, deren Ränder verwischt und vom Ziliarfeld nicht mehr eindeutig abzugrenzen sind, deutet eine Allergiebereitschaft an, eine allgemein überschießende Reaktionslage des Organismus.

Eine gleichmäßig helle Darmkrause wird als Zeichen für Wetterfühligkeit (siehe Bild B im Farbteil) interpretiert. Chronisch entzündliche Prozesse im Darmbereich sind irisdiagnostisch nicht einfach zu erkennen: Dabei liegen viele kleine weiße Punkte und Pünktchen auf der Darmkrause, die nur mit Erfahrung und der Lupe richtig einzuordnen sind.

Eine in Teilbereichen doppelte weißliche Darmkrause zeigt ein labiles Nervensystem: nervöse Überreiztheit, seelische Verspannungsbereitschaft und Neigung zu Nervenschmerzen.

Eine in Teilbereichen verdickte und deutlich hellere Darmkrause bezieht sich auf das nach außen anschließende Organgebiet: Auf dem Herzsektor zum Beispiel zeigt sich damit die Durchblutungsstörung des Herzmuskels, auf dem Blasensektor bei Männern eine chronische Prostatareizung oder -vergrößerung.

Die Bauchspeicheldrüsenpunkte

Helle Zeichen auf den Hauptpunkten der Bauchspeicheldrüsen werden meist von der Darmkrause umschlossen, denn dieses Organ liegt in der Organkarte genau auf ihr. Die Zeichen können sich riesengroß ausprägen und mehrere andere Organbezirke überdecken. Durch ihre Lage genau auf der Darmkrause sind sie immer eindeutig der Bauchspeicheldrüse zuzuordnen.

Die Bauchspeicheldrüse zeigt sich an vier Hauptpunkten in der Organkarte. Auf beiden Seiten liegt sie symmetrisch jeweils bei 4.00 und bei 8.00 Uhr mitten auf der Darmkrause; gelegentlich treten die gleichen Zeichen auf den Nebenpunkten bei 2.00 und 10.00 Uhr auf. Erfahrene Irisdiagnostiker können je nach Lage der Zeichen unterscheiden, ob Kopf-, Körper- oder Schwanzteil des Organs betroffen sind; das kann für die Prognose bei einer Erkrankung der Bauchspeicheldrüse sehr hilfreiche Hinweise geben.

Nur sehr selten zeigen sich speziell bei der Bauchspeicheldrüse reine Aufhellungen ohne begleitende Schwächezeichen in der Organregion. Die erste Bauchspeicheldrüsenentzündung macht noch kein Zeichen, erst die chronisch wiederkehrende oder aber die langfristige unterschwellige Reizung.

Diese Krankheitsbilder führen zwangsläufig zur Gewebsdegeneration. Die Bauchspeicheldrüse beginnt, sich in Teilbereichen selbst zu verdauen oder verliert durch Steinbildung oder Ablagerungen gesundes Zellgewebe. Dieser Prozeß zeigt sich in der Iris durch dunkle Schwächezeichen in Lakunenform auf der Darmkrause.

Jede Behandlung der Bauchspeicheldrüsenentzündung oder -reizung beginnt mit Schonkost oder Fastendiät. Als Auslöser der Krankheit kommen in über 90 Prozent der Fälle zu gutes, zu reichhaltiges, zu fettes oder zu stark gewürztes Essen und Alkohol- oder Schokoladenmißbrauch in Frage.

Eine Fülle von Symptomen begleitet das Krankheitsbild. Der Patient fühlt sich ernsthaft krank, abgeschlagen und matt und sieht auch entsprechend grau und unwohl aus. Der Blutdruck sinkt deutlich, der Puls klingt flach. Im Vordergrund stehen die teils sehr starken Schmerzen im Oberbauch, die häufig, aber nicht grundsätzlich links auftreten. Die Beschwerden kommen heftig und schnell. Dazu gehören ebenfalls das Ringgefühl mit Berührungsempfindlichkeit an der gleichen Stelle, Aufstoßen, morgendliche Übelkeit, Blähungen und diverse Stuhlbeschwerden wie Durchfall, Fettstuhl oder Stinkstuhl.

Es fällt dem Betroffenen schwer zu sagen, was genau ihm schlecht bekommen ist; manchmal scheint genau das falsche Essen erst einmal zu lindern. Das gilt zum Beispiel für Alkohol in Form eines Magenbitters. Typischerweise kennt dieser Mensch genau seine Alkoholgrenze. Trinkt er nur ein Glas mehr, leidet er tagelang unter den Folgen. Als häufiges Symptom tritt ein anfallsweiser Heißhunger auf Süßigkeiten auf. Im Prinzip nascht er selten, aber wenn, dann gleich eine ganze Tafel Schokolade.

Der Leber-Gallen-Sektor

Die Zeichen auf diesem Sektor können erheblich über die benachbarten Organgebiete hinausragen. Das Zentrum der Zeichen entspricht aber immer genau der Organkarte. Die hellen Stellen in der Iris, die sich auf Leber-Galle beziehen, liegen fast immer auf dem Gallenblasenbereich direkt an der Darmkrause oder dem Gallenwegsbezirk der Organkarte, ganz selten außen auf dem Lebersektor.

Obwohl sich kaum ein Organ so gut regenerieren kann wie die Leber, bleiben die Zeichen in der Iris auch nach der Behandlung und auch nach einer Operation meist bestehen. Die hellen, weißen Zeichen werden mit den Jahren dunkler, was die nachlassende Leistungskraft des Organs anzeigt.

Eine weißlich leuchtende Stelle zwischen dem Leberareal und der Darmkrause auf der Organkarte kann eine chronische Gallenblasen- oder Gallenwegsentzündung bedeuten. Eine Reizung der Leber durch Ernährungsfehler oder Streß steigert die Produktion von zuviel, möglicherweise zu dickflüssigem bzw. zu scharfem, ätzenden Gallensaft. Daraus können sich Steine bilden und in den Gallengängen oder der Gallenblase ablagern. Plötzlich auftretende Kolikschmerzen oder zunehmende Schmerzattacken müssen schulmedizinisch abgeklärt und unter Umständen sogar operiert werden.

Eine Hepatitis (Leberentzündung) verursacht in ihrer akuten Phase keine helle Leberregion. Aber die Folgen einer solchen Entzündung hinterlassen Spuren in der Iris, meist eine erhebliche Abdunklung des Lebersektors. Die verschiedenen lebensgefährlichen Hepatitisformen müssen unbedingt unter ärztlicher Kontrolle therapiert werden. Nach Ablauf der akuten Phasen können die Schäden am Organ mit homöopathischen Mitteln behandelt werden.

Der Nierensektor

Die Zeichen in dieser Region können erheblich über die benachbarten Organgebiete hinausragen. Das Zentrum der Zeichen entspricht aber immer genau der Organkarte. Die Nieren regenerieren wenn überhaupt, dann sehr schwerfällig.

Die Zeichen in der Iris auf dem Nierensektor bleiben auch nach einer Behandlung und Operation bestehen. Die hellen, weißen Zeichen werden mit den Jahren dunkler. Dadurch wird die nachlassende Leistungskraft des Organsystems angezeigt.

Ein heller Nierensektor bedeutet, daß die urinproduzierenden und ausscheidenden Organe chronisch entzündlich gereizt sind; das kann, muß aber nicht durch Bakterien verursacht sein. Es steht auch für eine Reizblase, eine chronische Nierenbeckenentzündung, Reizung durch Steine oder andere wiederkehrende entzündliche Erkrankungen der ableitenden Harnwege (alle medizinischen Namen dieser Krankheiten enden auf »-itis«).

Nierenzeichen sind wegen ihrer auffallenden Größe mit der Lupe recht gut zu differenzieren, zumal ihre Lokalisation laut Organkarte sehr eindeutig ist.

Der Herzsektor

Die Zeichen auf dem Herzsektor können erheblich über die benachbarten Organgebiete hinausragen. Das gilt vor allem für den Lungen- und den Rippenfellbereich. Trotzdem lassen sich die Zeichen zweifelsfrei zuordnen. Der markanteste Teil der Herzzeichen liegt immer genau entsprechend der Organkarte direkt an der Darmkrause.

Ein heller Herzsektor gilt als Zeichen einer lang andauernden Herzmuskelreizung. Die Ursachen können in mangelnder Durchblutung liegen, einer rheumatischen Herzmuskelentzündung oder auch in Reizleitungsstörungen. Dadurch entstehen anfallsweise schmerzhafte Herzattacken, Herzstiche, Herzmuskelschwäche oder ein unregelmäßiger Pulsschlag. Die auslösenden Faktoren müssen unbedingt klinisch abgeklärt werden.

Die meisten dieser Symptome können bei frühzeitigem Therapiebeginn mit homöopathischen Mitteln langfristig gebessert werden. In der Regenbogenhaut lassen sich die verschiedenen Herzabschnitte und die Ursachen von Krankheitszeichen eindeutig unterscheiden.

Der Lungensektor

Die hellen Zeichen einer Lungenkrankheit liegen immer recht genau auf dem sehr großen Lungenareal der Organkarte, dem schmalen Streifen der Bronchien oder dem Rippenfellgebiet. Nur selten überlappen sie benachbarte Organbezirke. Alle Lungenzeichen liegen deutlich abgesetzt von der Darmkrause. Sie berühren fast nie den äußeren Irisrand.

Helle Lungenzeichen entstehen bei langandauernden, chronischen oder häufig wiederkehrenden Entzündungen im Atemtrakt. Über die

Jahre werden diese anfänglich strahlendweißen Reizzeichen langsam abdunkeln und damit den Funktionsverlust des Organs widerspiegeln.

Ein akutes Krankheitsgeschehen kann häufig nur mit Antibiotika erfolgreich behandelt werde. Zwischen den akuten Phasen sollte auf homöopathischem Weg die Abwehr gestärkt und die Lunge entlastet und gereinigt werden.

Die Kieferregion

Im Kieferbereich der Organkarte liegen viele kleine Organe dicht nebeneinander: acht Nasennebenhöhlen, alle Zähne, die Mandeln, Zunge und Kehlkopf. Die einzelnen Gebiete sind so klein und überlappen einander, daß eine genaue Zuordnung auch für den erfahrenen Augendiagnostiker sehr schwierig ist. Für die Medikation gilt das folgende: Das Medikament bleibt dasselbe, egal welche Zahnwurzel entzündet oder welche Nasennebenhöhle vereitert ist.

In diesem Teilbereich der Organkarte sind alle weißen Stellen Hinweise für chronische eitrige Entzündungsherde. Diese Herde können weitgehend symptomlos über Jahre bestehen und dabei erhebliche, nicht mehr heilbare Schäden an anderen Organen verursachen.

Die Irisdiagnose bietet die Chance, diese »Zeitbomben« rechtzeitig zu erkennen und auf homöopathischem Weg zu entschärfen und einzuschmelzen.

Dunkle Regionen und Schwächezeichen

Grundsätzlich können sich auf allen Organsektoren in der Regenbogenhaut dunkle Stellen bilden. Es sind keine Farbauflagerungen (Pigmente). Sie entstehen entweder durch ein Auseinanderziehen der Radiären mit seitlicher Verklebung oder durch nachlassende Färbung. Die meist nicht mehr ganz so dunklen Seitenbereiche können sehr breit sein und sich über die Nebenbezirke des betroffenen Organs auf der Organkarte ausbreiten.

Aus der Größe der Zeichen läßt sich nicht auf den Schweregrad der Erkrankung schließen. Mit zunehmender Dauer einer Krankheit zeigt sich der Leistungsverlust des Organs durch eine fortschreitende Abdunklung des Sektors. Der Prozeß dieser Farbveränderung ist wegen der sehr unterschiedlichen Grundfarben und der unendlichen Strukturvarianten jeder Iris sehr individuell.

Geschlossene, also von dicken verklebten Radiären vollständig umgebene Zeichen (Lakunen) gelten als mehr oder weniger als »ungefährlich«. Sie zeigen eine Schwäche, die der Körper auch ohne Behandlung verkraften kann. Zur Seite oder nach außen offene Zeichen (Halblakunen) sind ein Hinweis für einen behandlungsbedürftigen Krankheitsverlauf.

Kleine grauschwarze Zeichen ohne Seitenrand nennt man dunkle Wischen. Sie liegen immer auf dem betreffenden Organsektor und überlappen keine anderen Sektoren.

Je nach ihrer Form werden kleine und kleinste Schwächezeichen benannt, die allesamt bei einer dunkelgrauen bis schwarzen Grundfarbe den endgültigen Defekt eines Organs anzeigen und die Gefahr einer bösartigen Entwicklung in sich tragen. Deshalb werden diese Phänomene Defektzeichen genannt.

Defektzeichen können selbst von erfahrenen Irisdiagnostikern nur mit der Lupe nicht immer ausreichend beurteilt werden. Man unterscheidet stufenartige Defektzeichen (Leiterlakunen), schnabelförmige, lanzettförmige, kleine Lakunennester und die winzigen, meist schwarzen Kleinstlakunen (Krypten).

Die gut zu unterscheidenden dunklen Organsektoren und Organsystemregionen sind: Die Magenregion, die Darmregion mit der Darmkrause, die Bauchspeicheldrüsenpunkte, der Leber-Gallen-Sektor, der Nierensektor, der Herzsektor, der Lungensektor, der Milzsektor, der Hautring und die Kieferregion.

Die Magenregion

Abdunklungen der Magenregion strahlen nicht auf andere Organgebiete aus. Sie überdecken immer nur den schmalen Ring der Magenregion rund um die Pupille.

Auf den ersten Blick scheint die Magenregion immer ein wenig hell. Das gilt für diesen Organbereich grundsätzlich, denn seine Grundfarbe ist etwas heller als die der nach außen anschließenden Darmregion. Der Magensektor gehört zu den wenigen Bereichen, die auch bei normaler gesunder Funktion in der Iris zu erkennen sind.

Auf den zweiten, den genaueren Blick mit der Lupe können sich im Magenring abgedunkelte, graue Segmente mit helleren abwechseln. Irisdiagnostiker sprechen bei diesem Bild von einem »Radspeichenmagen«. Als Folge jahrelanger überschießender Säureproduktion hat die Magenschleimhaut ihre Leistungskraft verloren, dadurch liegt das Essen lange im Magen und späten Mahlzeiten folgt ein unruhiger Schlaf. Am Ende dieser Entwicklung, wenn die Magenwandzellen überhaupt keine Verdauungssäfte mehr produzieren, entsteht in der Magenregion direkt neben der Pupille ein dunkelgrauer schmaler Halbkreis (Begleitschatten).

Auf dem Magensektor bilden sich keine Lakunen, weil die Radiären mit dem Pupillensaum fest verwachsen sind. Nur außerhalb des Magenrings im Bereich Darmkrause vom Magenein- und -ausgang können sich kleinste schwarze kryptenähnliche Defektzeichen bilden, die auf Geschwüre oder Gewebsveränderung hinweisen.

Die Darmregion mit der Darmkrause

Die Darmkrause kann hell strahlen, besonders groß oder klein aussehen, ganz zart oder wulstig dick erscheinen, doppelt ausgebildet sein oder viele große Löcher haben. Richtig in sich dunkel wird sie nie. Farbauflagerungen (Pigmente) können sie zwar dunkel erscheinen lassen, sie haben aber eine ganz andere Bedeutung als die dunklen Untergrundstrukturen, die in diesem Kapitel beschrieben werden.

Gewebsalterung, Erschlaffung und Leistungsverlust lassen die Darmregion größer und zackiger werden. Manchmal bedeckt sie mehr als die Hälfte der Iris. Innerhalb der Darmzone liegen häufig viele Schwächezeichen (Lakunen), die wie die Blätter eines Busches aussehen: rund, oval oder spitz zulaufend. Sie liegen gleichmäßig verteilt, aber in unterschiedlicher Größe um die Pupille innerhalb der Darmkrause, niemals in die Magenzone hinein.

Der Darm arbeitet nur noch träge und faul, die Passage der Nahrung dauert zu lange. Gifte lagern sich ab und belasten die Darmwand oder verdichten sich zu Kotsteinen. Der ganze Körper, der Stoffwechsel und alle Organe werden belastet. Eine Fülle von Krankheitszeichen und später sogar Krankheiten können sich einstellen.

Zu Beginn der Behandlung eines solchen langfristig bestehenden Zustands sollte eine Darmsanierung erfolgen. Dazu eignet sich eine Fastenkur genausogut wie die Kolon-Hydro-Therapie, bei der der Dickdarm mittels einer speziellen Einlauftechnik gründlich gereinigt und entgiftet wird.

Wer seinen Darm mit Abführmitteln zur Faulheit erzogen hat, braucht unter Umständen weitere Unterstützung, z. B. durch ein individuell abgestimmtes Therapieprogramm.

Die Schwächezeichen innerhalb der Darmkrause sind Ausdruck der erschlaffenden, alternden Darmwand. Es gibt keinen Jungbrunnen, kein Mittel gegen das Älterwerden generell, aber eine vernünftige Lebensweise und ein geregelter Stuhlgang erhalten das Bindegewebe des Darms länger und verhindern oder verzögern Darmaussackungen, Darmvorfall und Hämorrhoiden.

Gelegentlich sind diese Schwächezeichen im linken Auge unter dem Herzsektor besonders kräftig ausgeprägt. Die Darmkrause drückt sich hier deutlich sichtbar weiter nach außen. So zeigt sich der sogenannte Roemheld, ein Krankheitsbild, bei dem durch Gasbildung und -rückstau im oberen linken Darmwinkel das Herz quälend schmerzhaft zusammengedrückt wird.

Die Bauchspeicheldrüsenpunkte

Wenn die Bauchspeicheldrüsenpunkte in der Iris (links und rechts jeweils bei 4.00 und 8.00 Uhr) dunkel erscheinen, können nur Schwächezeichen (Lakunen) dafür verantwortlich sein; diese blattähnlichen Lakunen-Gebilde zeigen mit ihrer Spitze immer zur Pupille.

Sie lassen sich auf der Organkarte eindeutig zuordnen, wenn sie von der Darmkrause vollständig umschlossen sind. Schon eine einzelne Lakune auf einem der vier Hauptpunkte reicht, um auf einen Leistungsverlust der Bauchspeicheldrüse hinzuweisen. Finden sich mehrere Blätter auf einem oder auf mehreren Hauptpunkten, möglicherweise auch auf den vier zusätzlichen Nebenpunkten in beiden Augen bei 2.00 und 10.00 Uhr, so ist das keine zusätzliche Aussage. Allenfalls gibt der Grad der Abdunklung in der Struktur dieser Zeichen einen Hinweis auf die Dauer des krankhaften Geschehens. Die Größe der Schwächezeichen auf diesen Punkten schwankt zwischen ganz klein und riesig.

Der Leistungsverlust der Bauchspeicheldrüse macht erhebliche Verdauungsprobleme. Ein großer Teil der Mahlzeit passiert Magen und Darm, ohne in seine organischen Bestandteile zerlegt zu werden. Der Körper kann die in ihnen enthaltene Energie und wichtige mineralische Bestandteile nicht aufnehmen. Dadurch gerät die Energiebilanz und der Mineralstoffhaushalt des Organismus in eine gefährliche Schieflage. Eine allgemeine Schwäche, Leistungsverlust und Muskelschwund sind die Folgen.

Die Ursache des Leistungsverlusts kann angeboren sein. In den allermeisten Fällen ist sie aber die Spätfolge von Alkoholismus, Schokoholismus (vom permanenten Schokolade-Essen) oder massiven Ernährungsfehlern bei einer andauernden Bauchspeicheldrüsenreizung.

Der Leber-Gallen-Sektor

Eine Abdunklung im rechten Auge außen, bei 7.00 bis 8.00 Uhr in der Organkarte, zeigt einen Leistungsabfall der Leber an. Am äußeren Rand der Iris bilden sich keine großen Schwächezeichen (Lakunen), deshalb sind auch auf dem Lebersektor keine zu sehen, sondern es findet sich ausschließlich eine generelle Farbabdunklung des Sektors, die immer am äußersten Rand der Regenbogenhaut am größten ist. Die Ausdehnung kann so weit gehen, daß benachbarte Organsektoren überlappt werden.

Ein solcher Zustand wird in der Schulmedizin nicht als Krankheit angesehen, die üblichen Leberwerte im Blut sind dabei völlig im Normalbereich. In dieser Phase stellen sich aber die ersten, unspezifischen Symptome ein. Dazu gehören Verdauungsprobleme, pappiger Mundgeschmack, Zungenbrennen, Übelkeit und Oberbauchschmerz genauso wie trockenes Husten, nervöse Unruhe und Herzrasen.

Der Schmerz der Leber ist die Müdigkeit! Jeder Leistungsabfall, jedes übersteigerte Schlafbedürfnis ohne die erquickende Erholung beim Erwachen kann als ein frühes Symptom der Leberbelastung gewertet werden. Nicht selten gehen unterschwellige Depressionen einher. Durch die dunklen Augenringe sehen die Betroffenen ständig müde aus.

Mit der Augendiagnose können wir den Zustand »nicht mehr ganz gesund, aber noch nicht richtig krank« rechtzeitig erkennen und die Weichen in Richtung Regeneration und Heilung stellen. Dazu reichen in aller Regel die milden, belastungsfreien Mittel der Natur.

Die Ursachen dieser Belastung können vielfältig sein. Medikamenten- und Alkoholmißbrauch gehören dazu, aber genauso Umweltgifte und falsche oder einseitige Ernährung. Ganz sicher können seelische Faktoren der Leber schaden. Kummer und Sorgen, aber auch bohrender Neid und ständiger Ärger belasten sie. Die Laus, die ständig über die Leber läuft, macht krank.

Eine belastete Leber ist ein idealer Nährboden für eine Fülle schwerwiegender Folgeerkrankungen, ganz gleich, ob die Leberwerte gut oder erhöht sind. Sie muß unbedingt vorbeugend behandelt werden!

Der Gallensektor zwischen der Darmkrause und dem Lebersektor kann durch chronische Erkrankung abdunkeln oder Lakunen bilden. Dabei liegt zumindest eine Lakune direkt an der Darmkrause. Mehrere kleine Schwächezeichen wie eine Perlenschnur hintereinander gelten als »Steinstraße«, Hinweiszeichen für Gallensteine. Sie zeigt die Veranlagung, nicht aber die Steine selbst oder gar ihre Zahl an.

Der Nierensektor

Eine Abdunklung in beiden Augen unten bei 6.00 Uhr zeigt den Leistungsverlust der Nieren an. Die Zeichen sind meist gut zu erkennen, sie liegen ganz markant an der Darmkrause, die dabei häufig zur Mitte eingedrückt wird. In vielen Fällen ist die Abdunklung erheblich größer als der eigentliche Nierensektor auf der Organkarte, benachbarte Organfelder können dadurch überdeckt werden.

Ein dunkles Nierenfeld macht noch keine klinisch diagnostizierbare Erkrankung. Aber wie immer gilt es, die Frühzeichen einer Entwicklung zu erkennen, zu beachten und zu behandeln. Häufig genug bleiben bei diesen Iriszeichen die Nierenwerte Kreatinin und Harnsäure im Blut und die Untersuchungsergebnisse des Urins über Jahre im erlaubten, gesunden Bereich. Der schulmedizinisch orientierte Urologe würden noch keinen Handlungsbedarf annehmen.

Die Symptome in dieser Phase zeigen sich eher unauffällig. Sie sind selten der Niere direkt zuzuordnen. Starker Kopf-Druckschmerz kann auftreten, allergische Veranlagung oder einfach Juckreiz. Menschen mit diesen Iriszeichen neigen zu Nieren- oder Blasensteinen und häufiger als andere zu Nierenreizung oder Nierenentzündung.

Wenn das dunkle Nierenfeld die Darmkrause ein wenig nach oben zur Pupille drückt, gilt das als verstärkendes Zeichen.

Jede vorbeugende Maßnahme muß mit regelmäßiger, reichlicher Flüssigkeitszufuhr beginnen. Im Regelfall trinken wir niemals zuviel, allenfalls zuwenig. Die Nieren sollen angeregt werden und arbeiten. Ihre Hauptaufgabe ist nicht das Ausscheiden von Wasser, sondern die Konzentration von Giftstoffen in der Flüssigkeit, die ausgeschieden werden müssen. Ein Löffel Salz läßt sich wesentlich leichter in einem Eimer Wasser auflösen als in einer Tasse Wasser. Deshalb wird das Entgiften des Körpers durch viel Flüssigkeit (mindestens zwei Liter täglich) sehr erleichtert.

Achtung: Bei einer klinisch diagnostizierten Niereninsuffizienz mit absolutem Urinmangel und bei bestimmten schwerwiegenden Herzkrankheiten muß die tägliche Flüssigkeitszufuhr beschränkt werden; deshalb nicht ohne Rücksprache mit dem behandelnden Arzt oder Heilpraktiker die festgelegten Mengen überschreiten.

Der Blasensektor liegt in beiden Augen deutlich neben den Nieren ein wenig zur Nase. Er ist nicht ganz so groß wie der Nierensektor. Abdunklungen oder Lakunen deuten auf Blasenschwäche oder Harninkontinenz.

Der Sektor des Nierenbeckens liegt in beiden Augen auf der äußeren Seite der Niere. Seine Abdunklung oder Lakunen auf ihm deuten auf Nierenbeckensteine, einen Stau im Organ oder auf Gewebeveränderungen.

Der Herzsektor

Die Herzzeichen liegen immer an der Darmkrause, die Lungenzeichen, die sektormäßig leicht mit dem Herz-Areal verwechselt werden können, deutlich von ihr abgesetzt. Die Herzregion liegt im linken Auge außen, meist zwischen 2.00 Uhr und 3.00 Uhr, gelegentlich rutscht sie bis 4.30 Uhr hinunter. In der Organkarte liegt auch im rechten Auge ein kleines Stück Herz-Areal, das sogenannte Rechtsherz. Als Anfänger brauchen Sie diesen Bereich nicht zu beachten, die Zeichen dort sind schwer einzuordnen. Außerdem findet sich nur ganz selten ein Rechtsherzzeichen allein ohne die viel deutlicheren Hinweise im linken Auge.

Der dunkle Herzsektor deutet einen Leistungsabfall des Herzmuskels an. Das Herz kann, muß aber nicht vergrößert sein. Auch hier wird irisdiagnostisch das klinisch nicht erkennbare Vorstadium sichtbar. Eine Herzschwäche zeigt sich im Frühstadium durch eine leichte Atemlosigkeit beim Treppensteigen und gelegentliches Anschwellen eines Knöchels bei langer Belastung oder schwülem Wetter.

Ein leichter oder mittelschwerer Leistungsverlust des Herzmuskels läßt sich über Jahre hervorragend mit homöopathischen Mitteln ausgleichen.

Menschen mit Schwächezeichen auf dem Herzsektor müssen besonders vorsichtig bei grippalen Infekten, Bronchitiden und anderen banalen Erkrankungen sein. Die Krankheiten verbrauchen so viel Kraft und Energien, daß für andere Belastungen nichts mehr bleibt. Kreislaufversagen und Herzinfarkt sind oft genug die Folgen nicht richtig auskurierter Infektionen. Bei einem Alter von über 60 Jahren braucht der Körper nach jedem Grippetag zwei, über 70 drei Tage konsequente Erholung!

Eine geschlossene Lakune auf dem Herzsektor an der Darmkrause ist meist harmlos: Der Körper kann den Leistungsverlust ohne therapeutische Maßnahmen ganz gut verkraften. Nach außen offene Lakunen, fehlende Darmkrausenabschnitte an einem Defektzeichen oder eine schmale lanzenförmige Lakune durch die Darmkrause hindurch bedürfen auf jeden Fall einer klinischen Untersuchung.

Ein wenig oberhalb des Herzen liegt in der Organkarte die Aorta ebenfalls direkt an der Darmkrause. Schmale Lakunen, die die Krause zerteilen, sind ein Hinweiszeichen für Aortenwanderweiterungen, die unbedingt fachärztlich kontrolliert werden müssen.

Der Lungensektor

Der Lungensektor liegt in beiden Augen außen ein wenig höher als die Mitte. Lungenzeichen berühren nie die Darmkrause und ganz selten den äußeren Rand der Regenbogenhaut. Der abgedunkelte Sektor überdeckt selten andere Organgebiete.

Er zeigt den Leistungsabfall der Lunge an, der sich erst nach jahrelanger Organerkrankung einstellt. Der Gasaustausch ist irreversibel geschädigt. Dieser Zustand ist Folge, nicht Ursache einer Grundkrankheit und kann in den meisten Fällen mit Lungenfunktionsprüfungen klinisch bestätigt werden.

Die Mangelversorgung des Organismus mit Sauerstoff ist erkennbar an der allmählichen Abdunklung der gesamten Regenbogenhaut. Das Auge verliert seine strahlende Lebenskraft. Die Entwicklung schwerer Folgeschäden in anderen Organen ist fast zwangsläufig.

Die Lunge regeneriert weder aus eigener Kraft, noch läßt sich der Leistungsabfall medikamentös ausgleichen. Nur durch eine regelmäßige langdauernde Sauerstoffbeatmung kann sich die Entwicklung von Folgekrankheiten verzögern.

Deshalb müssen alle, auch die banalen Erkrankungen der Lunge, ernst genommen und gewissenhaft auskuriert werden. Bei starken Infektionskrankheiten sind Antibiotika unerläßlich. Nach dem Abklingen der akuten Phase läßt sich das Lungengewebe auf biologischem Wege gründlich entgiften und seine Abwehrkraft stärken. In dieser Zeit ist die regelmäßige feuchte Inhalation mit milden Zusätzen wie Salz oder Kamille fast noch wichtiger als in der Akutphase.

Große Lakunen auf dem Lungensektor haben weitgehend dieselbe Aussage wie der abgedunkelte Sektor. Der Farbverlust in kleinen Defektzeichen verstärkt die Gefahr von Gewebsveränderungen. Die kleinen, fast schwarzen Lakunen (Krypten) liegen meist auf dem Bronchialsektor, also im Lungensektor genau bei 3.00 bzw. 9.00 Uhr.

Nach schweren oder chronisch wiederkehrenden Rippenfellentzündungen bilden sich Lakunen unter dem Lungenareal.

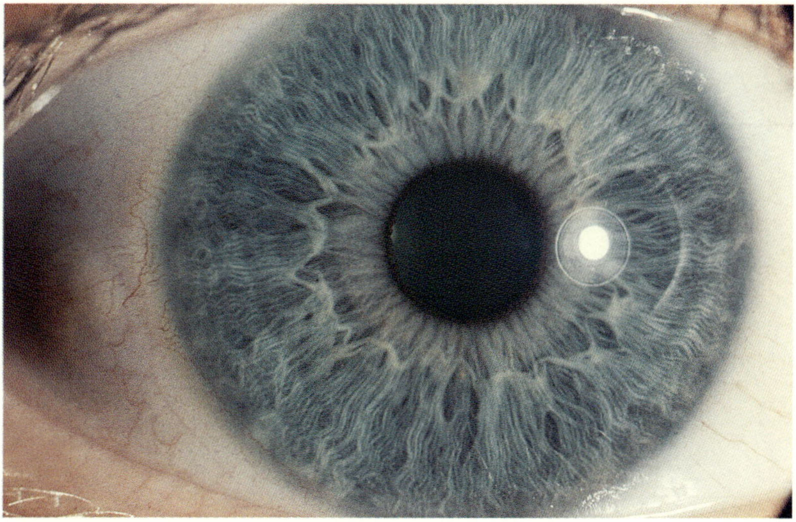

Bild A: rechts, dunkelblau (rein lymphatisch)
helle Magenregion
Lipoidhügel bei 9.00 in der Lederhaut

Die Regeln für die Irisdiagnostik:

- *Nur belastete oder erkrankte Organe* zeigen sich im Auge. Dazu zählen alle Funktionsorgane des Körpers wie Niere, Leber, Bauchspeicheldrüse, alle anderen Drüsen, Herz, Milz, die Geschlechtsorgane, Lunge, Darm, Magen, Großhirn, Kleinhirn usw., alle Hohlorgane wie Harnblase, Gallenblase, Mundhöhle, Nasennebenhöhlen, Bronchien, Blinddarm usw. und einzelne Abschnitte des Skeletts wie Wirbelsäule, Hüft- und Kniegelenke, Arme, Beine usw.
- Die Organe der *rechten Körperhälfte* finden sich im rechten Auge (z.B. Leber und Galle), die der *linken* im linken Auge (z.B. Herz, Milz); paarig angelegte Organe (z.B. Nieren, Eierstöcke, Nasennebenhöhlen) können in beiden Augen Zeichen hinterlassen.
- Die *obere Körperhälfte* liegt im oberen Teil der Iris (z.B. Gehirn, Nase, Kiefer), die untere entsprechend unten (z.B. Harnblase, Hüftgelenke, Beine). Das zur Mitte im Rumpf Liegende findet sich an der Innenseite des Auges zur Nase hin (z.B. Stirn, Luftröhre, Harnblase), das im Körper Außenliegende dementsprechend außen (z.B. Ohren, Arme, Nieren).
- *Ausnahmen:* Magen, Dünn- und Dickdarm, die Haut und die Bauchspeicheldrüse weichen von diesen Regeln ab.

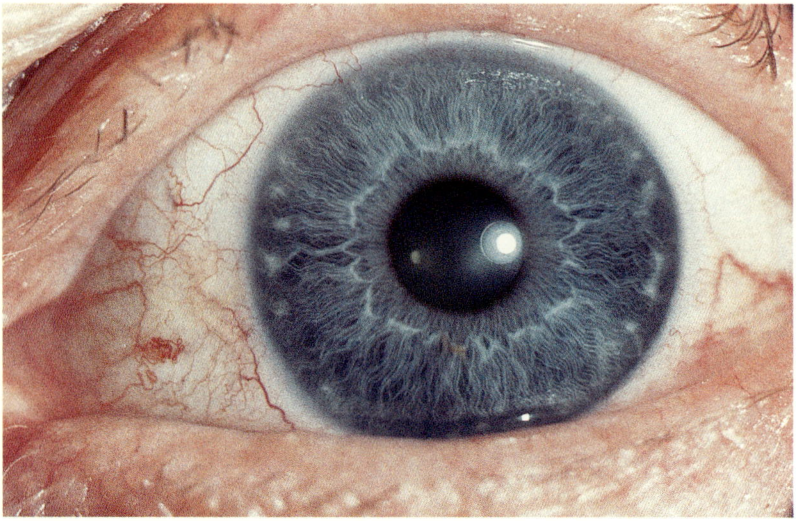

Bild B: links, stahlblau (hydrogenoid)
stark aufgehellte Darmkrause, bei 6.15 mit gelblichem Nierenpigment
dunkler (Nieren-)Sektor von 5.30 bis 7.30

Die »blauäugigen« Konstitutionstypen im Überblick:

- dunkelblau = rein lymphatisch
  Iris: unterschiedlich dicke und unregelmäßig verteilte Radiären, heller Ring um die Darmkrause
  typische Merkmale: Schwellungen, Allergien, gutartige Wucherungen
  typisches Verhalten: organisch und seelisch überschießende Reaktionen
- stahlblau = hydrogenoid
  Iris: weiße Wattetupfer am äußeren Rand
  typische Merkmale: Wärme lindert, nachts weniger Beschwerden, Wetterempfindlichkeit
  typisches Verhalten: pünktlich, fast pedantisch, genau, zuverlässig
- hellblau = harnsauer
  Iris: längliche, gelb-weißliche aufgelagerte Farbtupfer am äußeren Rand
  typische Merkmale: leicht schwitzend, kühl wird als angenehm empfunden, morgens steife Gelenke
  typisches Verhalten: dynamischer Bewegungstyp, kann gut improvisieren
- graublau = neurogen
  Iris: sehr feine Struktur vieler dünner gleichförmiger Radiären
  typische Merkmale: »wandernde« Beschwerden, Migräne, Schmerzen, Asthma
  typisches Verhalten: leicht seelisch und nervlich überfordert, leidet intensiv

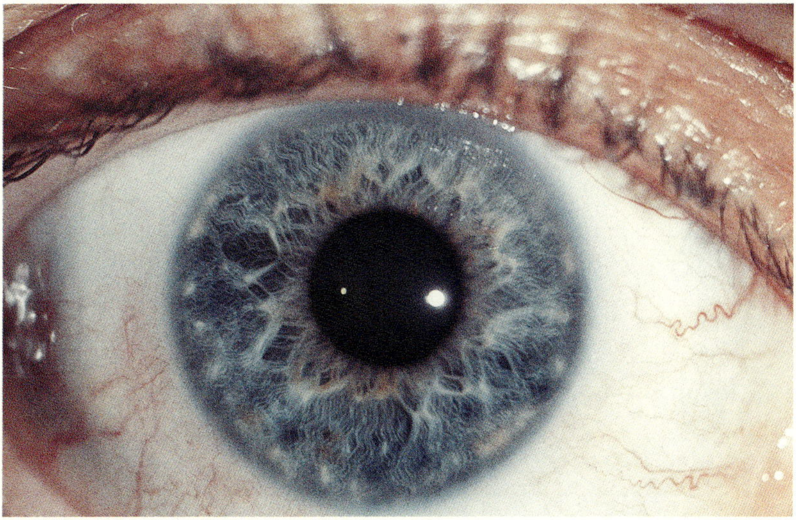

Bild C: rechts, hellblau (harnsauer)
Leiterlakune bei 8.00 (Magenausgang)
halboffene Lakune bei 10.00 (Herz)

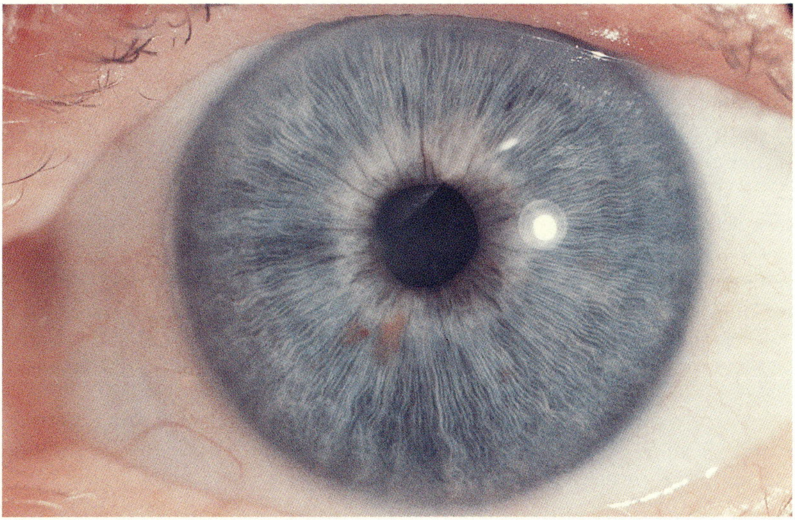

Bild D: links, graublau (neurogen)
sehr enges Magen-Darm-Feld
weiße Reizradiären bei 5.45 (Bein-Feld)

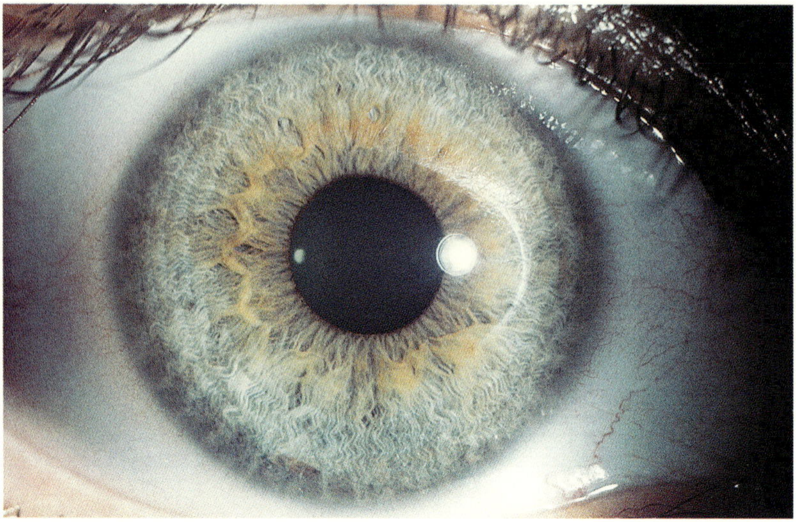

Bild E: rechts, hellgrün (Mischkonstitution)
leicht abgedunkelter Sektor zwischen 5-6.30 (Nieren)
mit eingelagerten kleinen Lakunen

Die »grün- und braunäugigen« Konstitutionstypen im Überblick:

- grün = Mischkonstitution
  Iris: ein fahler, gelber Schleier auf blauem Grund
  tpische Merkmale: trockene Haut, »steinreich«, scharfe Körperausscheidungen
  typisches Verhalten: »Strohfeuertyp«, d.h. schnell begeistert, aber ebenso schnell wieder vergessen
- hellbraun = biliär
  Iris: hellbraune Pigmente über die ganze Iris verteilt, Radiären sind sichtbar
  tpische Merkmale: Schwäche von Leber, Galle und Schilddrüse
  typisches Verhalten: cholerisch, frißt Ärger in sich hinein
- dunkelbraun = hämatogen
  Iris: brauner dicker Farbteppich auf der Iris, einzelne Radiären sind nicht zu unterscheiden
  tpische Merkmale: Schwäche des Blutes, des Darms und der blutbildenden Organe
  typisches Verhalten: Krankheiten breiten sich über das Blut aus

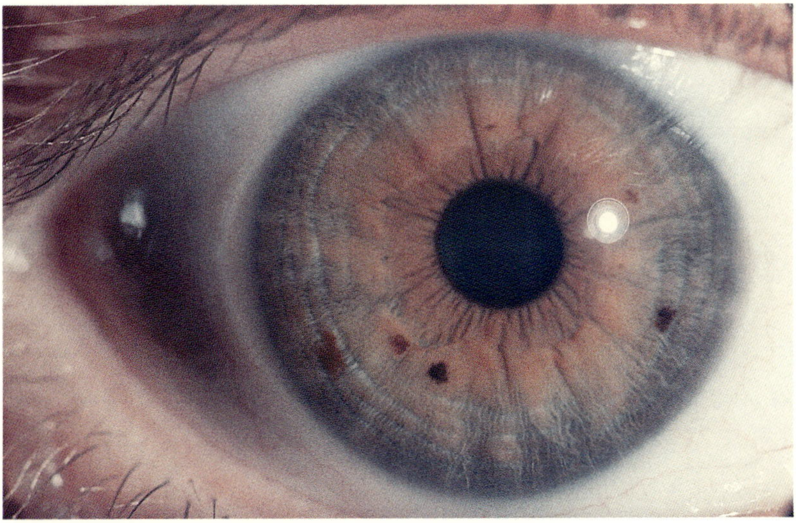

Bild F: rechts, hellbraun (biliär)
Innenringe (larvierte Tetanie)
mehrere Leberpigmente

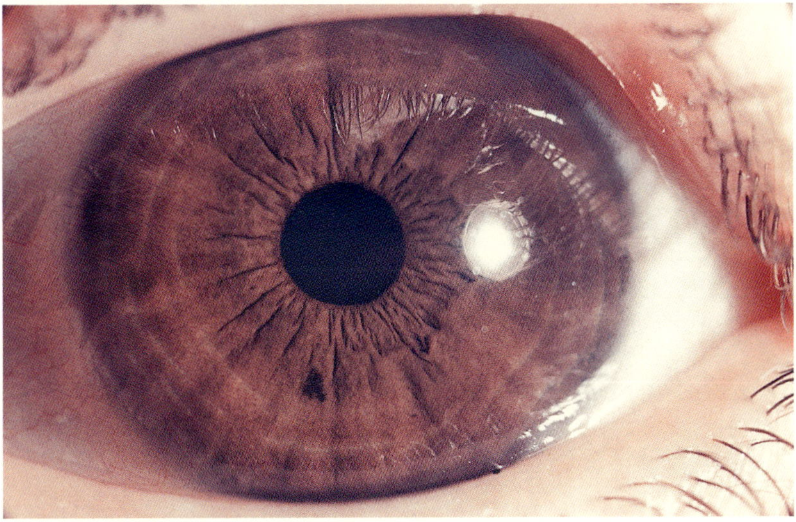

Bild G: links, dunkelbraun (hämatogen)
Kleinpupille (Miosis), Innenringe (larvierte Tetanie)
Leberpigment bei 6.00

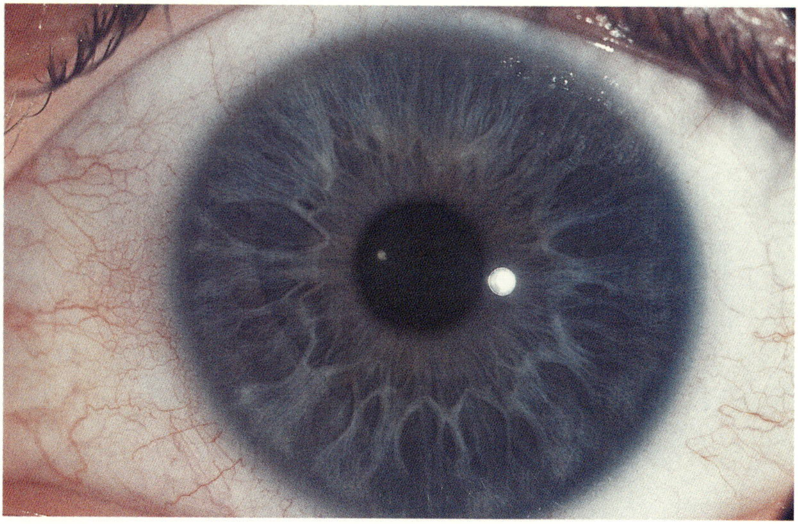

Bild H: links
Bindegewebsschwäche (Maßliebcheniris)
Iris stark abgedunkelt

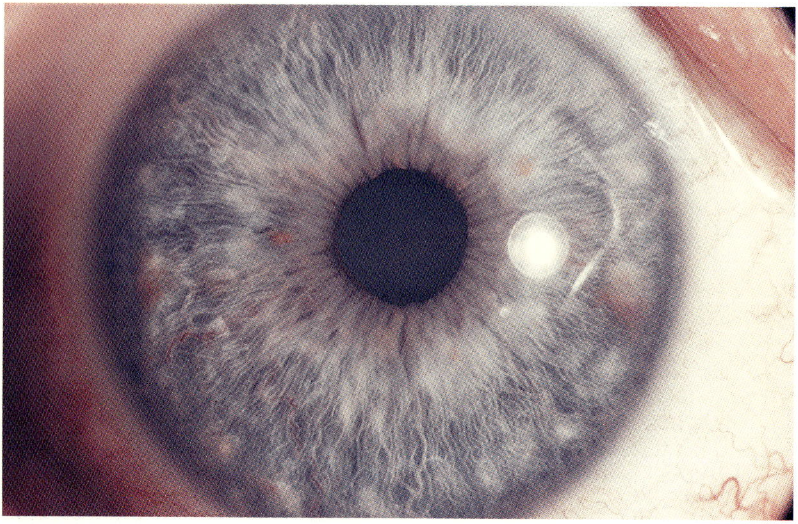

Bild J: rechts
Kleinpupille (Miosis)
rote Radiären und Tranversale bei 7.00 (Leber-Sektor)

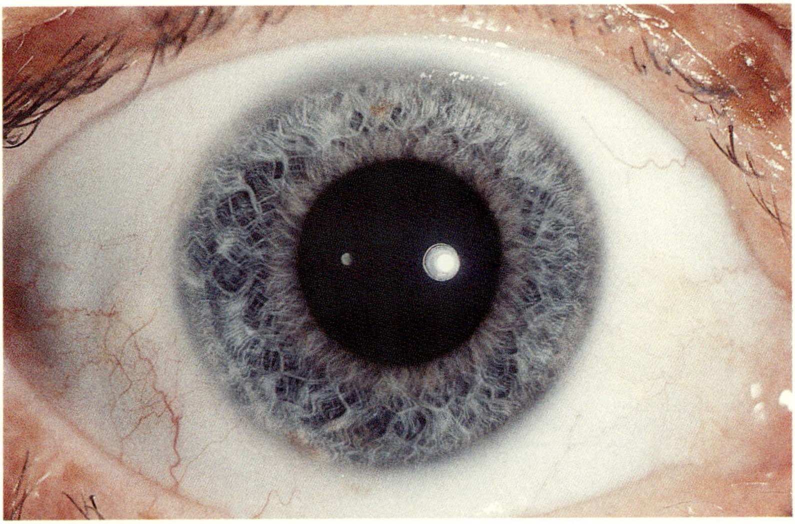

Bild K: rechts
Großpupille (Mydriasis)
heller Magensektor, sehr großer Darmsektor

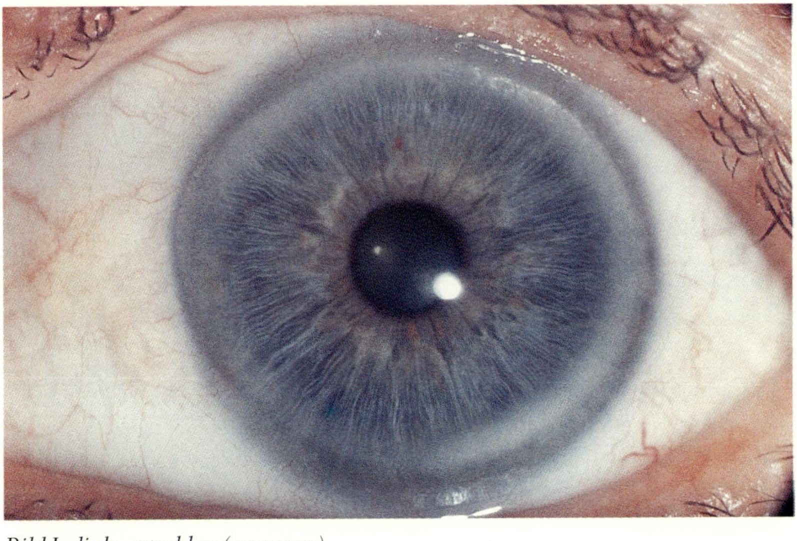

Bild L: links, graublau (neurogen)
weißer Außenring (lipämisch)

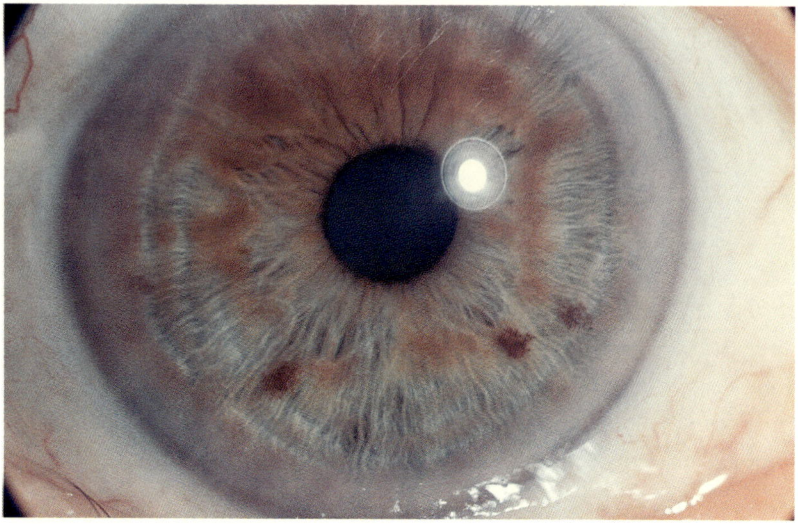

Bild M: rechts, hellbraun (biliär)
Innenringe (larvierte Tetanie)
weißer Außenring (lipämisch)
Kleinpupille (Miosis)
mehrere Leberpigmente

Die Untergruppen der Konstitutionen:

- Über die Augenfarbe ist die Zuordnung zu einer Gruppe eindeutig. Aber: Es gibt weitere angeborene Belastungen, die in allen Augen vorkommen können.
- In allen blauen, grünen oder braunen Augen können sich sowohl Bindegewebsschwäche zeigen als auch Groß- oder Kleinpupille, weißer Außenring oder Innenringe.
- Diese Phänomene entwickeln sich meist langsam. Die den Untergruppen zugeschriebenen Schwächen sind angeboren. Dabei schlummern diese Schwachstellen manchmal ein ganzes Leben lang im Organismus, ohne jemals die Gesundheit und das Wohlbefinden zu beeinträchtigen.
- Die markanten Zeichen dieser Untergruppen lassen sich fast immer deutlich, meist sogar ohne Lupe erkennen. Ausnahme: Beim graublauen Auge verstecken sich die Innenringe gelegentlich so, daß sie schwer erkennbar sind.

Der Milzsektor

Im linken Auge kann sich der Milzsektor verdunkeln. Große Lakunen gibt es hier am Rand der Regenbogenhaut grundsätzlich nicht, allenfalls ganz kleine Defektzeichen, wie gestanzte Löcher. Meist entwickelt sich ein langes schmales, recht dunkles Band am Rande der Iris mit der kräftigsten Verfärbung zwischen 4.00 und 5.00 Uhr.

Der dunkle Milzsektor zeigt ein gestörtes und geschwächtes Abwehrsystem des Körpers. Er kann sich bei Erkrankungen der weißen Blutkörperchen entwickeln, bei Schwächen und Degenerationen des Lymphsystems oder als Begleitzeichen bei chronisch wiederkehrenden Infektionen. Die Abwehrschwäche ist dabei Folge der letzten Infektion und gleichzeitig Ursache der nächsten.

Mit Mistel- oder Thymusdrüsenextrakten, mit Schlangengiften oder homöopathischen Mitteln kann die Abwehrkraft des Organismus erheblich regeneriert werden. Der Milzsektor bleibt auch nach einer erfolgreichen Therapie dunkel.

Der Hautring

Ganz außen am Rand der Regenbogenhaut liegt der Hautring. Er verläuft als schmaler Ring von unregelmäßiger Breite um die ganze Iris.

Ein dunkler Hautring zeigt die Leistungsminderung der Haut. Die Ausscheidungs- und Entgiftungsfunktionen sind eingeschränkt. Dadurch werden rheumatische und allergische Erkrankungen gefördert. Auf homöopathischem und physikalischem Wege (Bürstenmassage, Sauna usw.) kann die Organfunktion wieder langfristig gebessert werden. Klinische Untersuchungsmethoden können diesen frühen Zustand nicht bestätigen.

Die Hautregion dunkelt auch als Folge langjähriger Hauterkrankungen ab; selbst nach einer erfolgreichen Therapie wird sie nicht wieder aufhellen. Die Ursachen dieser Leiden können in anderen Organen zu finden sein.

Im Hautring gibt es keine großen Lakunen. Kleine Krypten oder wie gestanzt aussehende winzige schwarze Löcher gelten als Hinweis für eine degenerative Organveränderung.

Die Kieferregion

Im Kieferbereich der Organkarte liegen viele kleine Organe dicht nebeneinander: acht Nasennebenhöhlen, alle Zähne, die Mandeln, Zunge und Kehlkopf. Die einzelnen Gebiete sind so klein und überlappen einander, daß eine genaue irisdiagnostische Zuordnung oft unmöglich ist.

Ein kleines, nicht umrandetes dunkles Gebiet nennt sich Wische. Wischen können auf allen Organgebieten auftauchen, sind aber im Kiefer-Areal in beiden Augen besonders häufig. Ihre Bedeutung ist die eines dunklen Sektors: Sie zeigen einen Leistungsverlust durch Funktionseinschränkung.

Auf diesem Areal finden sich vielfach kleine oder mittelgroße Lakunen. Sie gelten als Hinweis für eine bestehende Schädigung, die nicht geheilt werden kann. Mit zunehmender Dauer werden diese Defektzeichen immer dunkler.

Die dunklen Zeichen entstehen nach langjährigen Entzündungen, die häufig mit abgekapselten Eiterherden verbunden sind. Dieser Zustand ist in den meisten Fällen klinisch nachvollziehbar, unter Umständen haben die Herde bereits andere Organe geschädigt. Diese eingeschlossenen Eiteransammlungen müssen gründlich beseitigt werden.

Zeichen in der weißen Lederhaut

Auch außerhalb der Regenbogenhaut in der weißen Lederhaut (Sklera) sind irisdiagnostisch relevante Zeichen zu erkennen. Sie lassen sich im allgemeinen keinem speziellen Organ zuordnen. Wir unterscheiden dabei: dicke rote Adern, brauner Irisrand, gelbe Hügel, schneeweiße Lederhaut, andere Verfärbungen der Lederhaut und braune Unterlidtupfer.

Dicke rote Adern

In vielen Augen ist eine dicke Vene zu sehen, die von außen auf der weißen Lederhaut Richtung Iris verläuft. Liegen dort innerhalb der Regenbogenhaut helle Stellen, dunkle Areale oder Schwächezeichen, gehört die Vene zu diesen Zeichen. Augendiagnostiker nennen diese dicken Adern Leitgefäße. Sie entstehen frühzeitig bei akuten Erkrankungen und »leiten« unsere Aufmerksamkeit quasi auf die Sektoren der Iris, in denen die Zeichen der Krankheit zu finden sind. Mit einer erfolgreichen Behandlung bildet sich ein Leitgefäß zurück.

Wenn plötzlich viele dicke Adern in der Lederhaut auftauchen, ganz besonders, wenn in ihnen pulsierendes Pumpen im Rhythmus des Herzens zu erkennen ist, droht unter Umständen Gefahr. Eine sofortige klinische Untersuchung ist notwendig.

Ein Geflecht feiner Äderchen hat irisdiagnostisch keine eigene Aussage. Es entsteht durch allergische Einflüsse oder einfach nur durch Reizung oder bei mangelnder Tränenflüssigkeit.

Brauner Irisrand

Nach einer Gelbsucht mit der typisch gelblichen Lederhaut, selbst bei einer unterschwellig verlaufenen Erkrankung, bleibt oft ein schmaler brauner Rand außerhalb der Iris. Er entsteht meist als kleiner Teilabschnitt am Leber- oder Milzsektor. Durch die Lupe sieht man dachziegelartige oder lattenzaunähnliche Muster. Dieses Zeichen baut sich nicht ab. Es gilt als Hinweis einer Leberbelastung, die klinisch nicht nachweisbar ist.

Gelbe Hügel

Bei klinischen Untersuchungen reagieren Ärzte meist besonders aufmerksam auf erhöhte Cholesterinwerte. Ein gelblicher, leicht erhabener Fleck in der Sklera neben dem Auge gilt als Hinweis für einen gestörten Fettstoffwechsel. Irisdiagnostiker nennen dieses Phänomen Lipoidhügel. Es entsteht grundsätzlich nur auf der Lederhaut, niemals auf der Iris.

Erhöhte Blutfette richten im Körper eines dermaßen »gezeichneten« Menschen mehr Schaden an als bei anderen. Es gilt, die Verkalkung der Arterien und Organverfettungen so früh wie möglich zu unterbinden oder zu verzögern. Der Lipoidhügel hat fast die gleiche Bedeutung wie der weiße Außenring. Er zeigt die Fettstoffwechselbelastung, gilt aber nicht als Hinweis für die Mangeldurchblutung eines bestimmten Organs.

Dieses Fettstoffwechselzeichen kann unter Umständen mit einem Flügelfell (Pterrhygium) verwechselt werden. Der Lipoidhügel bleibt im Gegensatz zum Flügelfell immer außerhalb der Regenbogenhaut auf der weißen Lederhaut.

Das Pterrhygium ist farblich etwas heller, fast weiß, mit einigen kleinen Äderchen an der Außenseite und wächst aus der Lederhaut über die Iris. Obwohl es eine harmlose, gutartige Wucherung ist, muß unter Umständen operiert werden, wenn es über die Iris zur Pupille wächst und diese zu überdecken droht.

Schneeweiße Lederhaut

Sie gilt auch klinisch orientierten Ärzten als Hinweis für die Blutarmut (Anämie). Der Nachweis dieser Erkrankung kann durch eine Blutuntersuchung erbracht werden.

Andere Verfärbungen der Lederhaut

Grundsätzlich müssen alle anderen farblichen Veränderungen auf der Sklera klinisch untersucht werden. Sie sind irisdiagnostisch nicht zuzuordnen: Es können sich dahinter akute und schwerwiegende Krankheitsbilder verbergen; bei schnellen Farbänderungen ist Eile geboten.

Braune Unterlidtupfer

Bräunliche Flecken auf dem Rand des Unterlids entstehen als gut sichtbare Zeichen im allgemeinen bei Leberbelastung, Stauung der Vene zwischen Leber und Darm (Pfortader) oder bei Hämorrhoiden. Sie sind nie ohne entsprechende Zeichen auf dem Leber-Gallen-Sektor zu finden. Meist zeigen sich Pigmente von der gleichen Farbe in der Iris.

Die Farbtupfer (Pigmente)

Spätestens in der zweiten Lebenshälfte bilden sich auf den meisten Regenbogenhäuten Farbtupfer (Pigmente) in verschiedener Größe und den unterschiedlichsten Farben. Sie geben keinerlei Hinweis auf ein akutes Krankheitsgeschehen! Die Farbtupfer gelten als Belastungszeichen. Es sind die sichtbaren Reste des Stoffwechsels, Schlacken und Abfallprodukte, die sich das Bindegewebe als Müllhalde gewählt haben.

Die Regenbogenhaut des Auges ist die einzige von außen sichtbare Bindegewebsstruktur des Körpers; nur hier ist die Deckschicht durchsichtig. In allen anderen Bindegeweben des Körpers ließen sich auch Pigmente finden, wenn wir dort ein ähnliches Fenster ins Gewebe hätten wie beim Auge.

Jedes Organ erfüllt spezifische eigene Stoffwechselaufgaben. Eine Störung oder ein Fehler im chemischen Ablauf verursacht ganz bestimmte Abfallprodukte mit einer typischen Farbe. Wenn die Ausscheidungsorgane nicht in der Lage sind, diesen Müll vollständig aus dem Organismus zu befördern, muß er sich zwangsläufig irgendwo ansammeln. Das Fett- und Bindegewebe des Körpers eignet sich besonders gut; dort stört dieser Abfall am wenigsten. Deshalb finden wir hier die meisten Ablagerungen. Weitere Deponien gibt es in den Ohrläppchen, in der Haut und den Gelenken. Die Schlackenhalden können dort erhebliche Beschwerden verursachen.

Die Lagerung von Stoffwechselmüll im Gewebe ist im Regelfall eine Einbahnstraße: Die Abfalldepots werden zwar ständig aufgefüllt, aber selbst mit entschlackender Therapie selten abgebaut. Ich habe bisher keinen Pigmentabbau im Bindegewebe des Auges feststellen können.

Anders als im Bindegewebe können in den Gelenken, der Haut oder der Muskulatur einige Schlacken durch eine biologische Behandlung gelöst und ausgeschieden werden.

Die meisten sichtbaren Farbeinlagerungen zeigen sich auf der oberen Schicht der Regenbogenhaut (Kryptenblatt), nur wenige auf der Rückseite der Hornhaut. Sie liegen über die gesamte Iris verteilt. Dabei sind sie nicht an den Irissektor des Organs gebunden, das sie hervorgebracht hat. Augendiagnostiker nennen diese zufällige Verteilung topolabil.

Dabei gibt es bevorzugte Erscheinungsorte der Pigmente auf der Iris. Einige können überall entstehen, manche nur im Magen-Darm-Feld, andere auf oder an der Darmkrause, die meisten bleiben im Ziliarfeld. Entsteht ein Farbtupfer genau am Ort »seines« Organs, wird dieses Zusammentreffen als erschwerender Faktor gewertet. Augendiagnostiker bezeichnen solche Pigmente als topostabil.

Es lassen sich bei den Pigmenten fast 40 verschiedene Farbtöne unterscheiden. Eine genaue Differenzierung ist schwierig, weil jeder Mensch ein anderes Farbempfinden hat. Manche Pigmente haben bevorzugte Stellen auf der Regenbogenhaut; dadurch lassen sie sich wesentlich einfacher zuordnen.

Häufig sind in einem Auge mehrere verschiedene Pigmentfarben gleichzeitig zu erkennen. Für die diagnostische Beurteilung spielt es überhaupt keine Rolle, wieviel Pigmente einer einzelnen Farbe auf der Regenbogenhaut liegen oder wie groß sie sind. Ein einzelnes kleines gibt den Hinweis für eine bestimmte Stoffwechselbelastung; viele große sagen nicht mehr aus.

Pigmente wachsen sowohl in der Größe als auch in ihrer Schichtdicke. Am Anfang ihrer Entwicklung lagert sich ganz feines Farbpuder an, das sich allmählich verdichtet. Solange die Pigmentschicht so dünn ist, daß die darunter liegenden Radiären durchscheinen, wird sie farblich von der Grundfarbe des Auges beeinflußt. Die dünnschichtigen Pigmente lassen sich besser beurteilen, wenn bei der Diagnose das Licht der Beleuchtungsquelle von der Seite auf die Iris scheint, weil die Pigmentfarbe dann nicht durch den Grundton der Iris verändert wird.

Bei fotografischen Vergleichen von Pigmenten sollten nur Bilder aus gleichem Filmmaterial miteinander verglichen werden. Die Produkte der einzelnen Hersteller haben alle ihre spezifischen Farbstiche; dadurch können sich dieselben Pigmente auf verschiedenem Filmmaterial in unterschiedlichen Farbnuancen zeigen.

Die Beurteilung aller Farbtupfer ist selbst für erfahrene Irisdiagnostiker nicht immer einfach. Für den Anfänger ist es deshalb sinnvoll, die Farbtöne so in Gruppen zusammenzufassen, daß ihre Einteilung erheblich eindeutiger wird. Dabei lassen sich gewisse Ungenauigkeiten nicht ganz vermeiden.

Die Vorteile dieser Zusammenfassung überwiegen deren Nachteile, denn so können Sie vom ersten Blick an Farben im Auge erkennen und unterscheiden. Dabei sind Farbtupfer nur ein Teil für das Diagnosepuzzle und kein besonders wichtiges dazu. Mit Hilfe meiner Einteilung lernen Sie, diese markanten Zeichen im Auge von vornherein relativ sicher zu beurteilen.

Die verschiedenen Farben und ihre Bedeutung

Weiß

Reines unverfälschtes Weiß ist kein eingelagertes Pigment. Lediglich die Radiären im Ziliarfeld können richtig weiß scheinen. Sind sie aufgequollen verdickt, entzündlich gereizt, dicht nebeneinander oder miteinander verklebt, verstärkt sich der Farbeindruck.

Weiß weist immer auf einen akut entzündlichen Prozeß hin. Weiße Zeichen sind topostabil, das heißt, sie sind nach der Organkarte exakt zuzuordnen. Mit dem Nachlassen der Entzündung oder durch einen sich über Jahre entwickelnden chronischen Verlauf verliert sich das reine Weiß, bekommt allmählich graue Einschüsse und dunkelt immer stärker ab.

Gelb

Es kommt eine Reihe verschiedener Gelbtöne vor, die sich zum Teil auf Grund ihrer Lokalisation eindeutiger unterscheiden lassen.

Ein sehr helles, fast weißes Gelb, manchmal mit winzigen olivfarbenen oder bräunlichen Einschüssen am äußeren Rand des Ziliarfeldes, finden wir nur bei den hellblauen Augen (harnsaure Konstitution). Die Pigmente scheinen miteinander zu verwachsen und bilden dabei häufig schmale Bänder parallel zum Limbus. Sie treten fast nie allein auf, sondern immer in größerer Zahl. Sie gelten als Zeichen einer Ausscheidungsschwäche der Nieren und eines harnsäurebelasteten Stoffwechsels.

Ein intensives Gelb rund um die Darmkrause, außerhalb meist als geschlossener Ring, auf ihr häufig ein wenig dunkler bis hin zum mittleren Braun; das Gelbe überwiegt dabei. Dieser Ring zeigt sich immer in beiden Augen. Bei manchen Menschen finden sich lediglich intensiv gelbe Farbkleckse auf dem Ziliarfeld. Diese Farbe gilt als Hinweis für eine Stoffwechselbelastung durch die Leber. Ein einzelner Tupfer hat dabei keine andere Aussagekraft als ein vollständig geschlossener Kreis.

Ein fahles Gelb, gelegentlich mit einem feinen Rotstich als Farbtupfer oder als erweiterter Darmkrausenrand nach außen, meist auf die Region in beiden Augen zwischen 4.00 und 8.00 Uhr beschränkt, ist der Niere zuzuordnen; meist liegt eine Ausscheidungsschwäche und/oder eine Neigung zu Nierensteinen vor. Diese Farbtupfer müssen nicht in beiden Augen vorkommen.

Ein rötliches Gelb außerhalb der Darmkrause als Tupfer auf dem Ziliarfeld, überwiegend in beiden Augen von 8.00 über 12.00 bis 4.00 Uhr, wird der Milz zugeschrieben. Es erscheint bevorzugt im linken, kann aber auch im rechten Auge auftauchen.

Orange

Orangefarbige Pigmente kommen innerhalb, außerhalb und auf der Darmkrause vor. Sie bevorzugen die untere Hälfte der Iris, die Nähe der Darmkrause und die Magenregion direkt an der Pupille. Häufig sind sie nur klein und einzeln angelegt, nie als durchgehender Teppich. Sie gelten als Hinweis für eine Belastung der Bauchspeicheldrüse. Liegen sie auf deren Hauptpunkten in der Organkarte, weisen sie auf die Veranlagung zur Zuckerkrankheit hin. Sie sind nie in beiden Augen genau gleich ausgeprägt.

Ocker

Diese Farbe ist überwiegend auf oder innerhalb der Darmkrause zu finden. Sie gilt dort als Belastungszeichen für den Darm. Mit einem bräunlichen Stich als geschlossener, häufig breiter Ring außerhalb und auf der Darmkrause zeigt sich ein nervöses Verdauungssystem. Irisdiagnostiker nennen dieses Zeichen mit dem braunen runden Zentrum auf blauem Grund »zentrale Heterochromie«. Innerhalb der Krause und als kleine radspeichenförmige Auflagerung in der Magenregion liegt häufig ein etwas fahleres Ocker. Es gilt als Hinweis für eine gestörte Magen-Darm-Besaftung. Meist sind diese Pigmente in beiden Auge ähnlich vorhanden.

Im äußeren Hautring direkt am Limbus oder als kleine Einsprengsel außerhalb der Darmkrause zeigt sich gelegentlich ein schmutziges Ocker als Hinweis für eine gestörte Hautausscheidung oder als Zeichen einer Belastung durch einen jahrelang bestehenden eitrigen Herd im Körper. Diese Farbtupfer treten immer in beiden Augen auf, aber nie identisch gelegen.

Grau

Mittlere oder dunkle Grautöne sind in der Regel keine Farbablagerungen. Sie entwickeln sich bei jahrelang wiederkehrenden akuten Erkrankungen aus weißen Zeichen und signalisieren den Übergang zum chronischen Stadium. Je dunkler das Zeichen, desto weiter ist der Prozeß des Leistungsverlusts und der Zelldegeneration vorangeschritten. Graue Stellen sind nach der Organkarte zu bewerten (topostabil); sie liegen meist innerhalb eines Schwächezeichens (Lakune). In der Magenregion kann sich ein grauer Teilring direkt an der Pupille bilden, der wie ein »Schatten« aussieht; das wird als Zeichen einer weitgehend degenerierten Magenschleimhaut gewertet.

Braun

Sattbraune Farbtupfer finden sich im ganzen Ziliarfeld. Es sind die häufigsten Pigmente überhaupt. Sie treten selten einzeln auf. Viel häufiger ist die unregelmäßige Verteilung rund um die Darmkrause. Dabei bilden sie nie einen geschlossenen Ring.

In einem Auge können sehr kleine und große Farbtupfer gleichzeitig vorhanden sein. In beiden Augen gibt es unterschiedlich viele, unterschiedlich große Tupfer, die selten an den genau gleichen Stellen entstehen. In braunen oder in hellbraunen Augen erscheint ihre Farbe erheblich dunkler, aber nie ganz schwarz. Alle braunen Pigmente gelten als Belastungszeichen der Leber. Ein blaues Auge kann zwar durch einen dichten Teppich leberbezogener Pigmente bräunlich erscheinen, zählt aber trotzdem nicht zur hellbraunen (biliären) Konstitution. Der Unterschied ist einfach zu sehen: Diese Pigmente sind undurchsichtig; im biliären Auge lassen sich die Radiären durch die Farbschicht erkennen.

Schwarz

Tiefschwarze Farbtupfer gelten als suspekt, besonders wenn sie einzeln auftreten und dunkelbraune oder dunkelrote Farbeinschüsse haben. Diese winzigen Einlagerungen sind nur vom Fachmann eindeutig zu unterscheiden; oftmals reicht die Vergrößerung einer Lupe dazu nicht aus. Ein einzelnes schwarzes Pigment (Solitärpigment) kann unter Umständen ein Frühzeichen für eine Zellentartung sein. Solch ein solitärer Farbtupfer liegt häufig topostabil entsprechend der Organkarte. »Gefährlich« werden diese Pigmente erst, wenn andere Zeichen mit ähnlicher Bedeutung den Verdacht einer bösartigen Zellveränderung verstärken.

Teil 3
Die Behandlung

Am Anfang steht die Konstitutionsbestimmung

Wir unterscheiden in der Medizin zwischen Krankheitszeichen, also Symptomen, und Krankheiten. Über die Ursachen und die Folgen von Krankheiten und ihre Behandlung gibt es Unmengen von Büchern, für Fachleute genauso wie für Laien, klinische Standardwerke, homöopathische Anleitungen zur Selbstmedikation oder esoterische Gebrauchsanweisungen.

Dieses Buch soll keine Anleitung zur Behandlung von Krankheiten sein. Ich bin der Meinung, daß grundsätzlich nur Fachleute, also Ärzte oder Heilpraktiker, die therapeutische Verantwortung übernehmen dürfen. Nur sie können die Risiken einschätzen, die notwendigen Maßnahmen veranlassen und den weiteren Verlauf kontrollieren.

Dieses Buch bietet Hilfestellung zur Erhaltung der Gesundheit!

Ich habe in meiner Praxis Tausende von Patienten erlebt, die sich sehr krank gefühlt haben. Dabei lag vielfach kein einziger Blutwert außerhalb der Norm. Weder EKG, Blutdruckmessung, Röntgen und Ultraschall noch Magenspiegelung oder Computertomographie hatten den kleinsten Hinweis für eine Krankheit erbracht.

Die Symptome waren oft genug von starken Schmerzen begleitet, haben vielfach über Jahre die Lebensqualität gemindert und den Betroffenen von Arzt zu Arzt, häufig in verschiedene Kliniken getrieben. Niemand konnte eine Ursache feststellen. Keine Wiederholungs- oder Nachuntersuchung ergab krankhafte Werte, mit denen sich die Symptome erklären ließen. Viele von ihnen wurden als Hypochonder abgestempelt, als eingebildete Kranke, vor allem, wenn durch die Dauer des Leidens das Nervenkostüm gelitten hatte. Dann wurden häufig Ursache und Wirkung verwechselt. Die Symptome wurden als Folge der seelischen Verstimmung angesehen, nicht umgekehrt, wie es meistens richtig wäre. Die in diesen Fällen oft verordneten Beruhigungsmittel und Antidepressiva sind natürlich nicht geeignet, die eigentliche Ursache der Symptome zu lindern.

Das Therapieschema in diesem Buch ist prinzipiell ungefährlich. Natürlich müssen alle Anweisungen beachtet und Überdosierungen vermieden werden. Vor der Behandlung sollte grundsätzlich eine ausführliche medizinische Untersuchung stehen. Es muß geklärt sein, ob sich eventuell hinter den Symptomen eine ernsthafte Erkrankung verbirgt. Wenn sicher ist, daß keine krankhafte Ursache besteht, können Sie die Ratschläge unbesorgt für sich umsetzen.

Sollten sich die Symptome verschlimmern, muß das fachmännisch untersucht werden! Die sogenannte Erstverschlimmerung bei homöopathischen Medikamenten ist normalerweise von kurzer Dauer und leitet eine unmittelbar folgende Phase deutlicher Verbesserung ein.

Ganz wichtig: Die Anweisungen in diesem Buch gelten nicht für akute Erkrankungen! Als akut gilt dabei alles, was in den letzten Monaten erstmalig entstanden ist, sich offensichtlich weiterentwickelt und noch nicht ausführlich untersucht wurde!

Am Anfang jeder Behandlung steht die Bestimmung der Konstitution. Die ersten Versuche, die Konstitution aus den Augen zu lesen, fallen den meisten Menschen schwer. Nur nicht verzagen: Erfahrung macht den Meister! Mit den Kenntnissen aus der Konstitutionen- und Zeichenlehre aus Teil 2 dieses Buches verfügen Sie über hinreichende Merkmale, wie die Zuordnung in die richtige Gruppe zu erfolgen hat: Im Zweifelsfall schlagen Sie noch einmal nach und vergewissern Sie sich (siehe Seite 86/87).

Häufig kann die richtige Konstitution schon aus der Farbe der Augen eindeutig bestimmt werden. Das grüne Auge (Mischkonstitution) läßt sich relativ leicht einordnen, ebenso die dunkelbraunen Augen (hämatogene Konstituion). Die Farbe ist so dick über die Regenbogenhaut verteilt, daß von den kleinen weißen Bindegewebsfäden (Radiären) zwischen Irisrand und Pupille nichts mehr zu sehen ist.

Auch die hellbraunen Augen (biliäre Konstitution) machen bei der Konstitutionsbestimmung keine großen Probleme. In ihnen sind diese Fäden an vielen Stellen der Iris, meist sogar um das ganze Areal außerhalb der Darmkrause herum (Ziliarfeld), deutlich sichtbar durch die bräunliche Farbschicht. Mit der Lupe lassen sich manchmal einzelne blaue Stellen erkennen, meist überwiegt aber die darüberliegende gelbbraune Farbschicht. In der Mitte erscheint die Braunfärbung dunkler als am Rand, bedeckt aber immer den größten Teil der Regenbogenhaut. Ein eindeutig blauer Ring außen in der Iris könnte dafür sprechen, daß hier eine blaue Konstitution vorliegt mit einem braunen Innenring, wie im Kapitel »Die Konstitutionenlehre« ab Seite 59ff. beschrieben.

Über die gelegentlich schwierige Zuordnung der verschiedenen Blautöne haben wir ausführlich in Teil 2 gesprochen: Ein dunkelblaues Auge (eigentlich: rein lymphatische Konstitution) beispielsweise kann durch farbliche Auflagerungen hellblau (eigentlich harnsaure Konstitution) erscheinen, oder ein graublaues (eigentlich neurogene Konstitution) bekommt durch Farbschleier einen anderen Grundton. Die Struktur der Bindegewebsfäden in der Iris kann unter Umständen weiterhelfen oder notfalls der Fragebogen auf Seite 88.

Gesund sein – fit bleiben

In den letzten 20 Jahren konnte ich in meiner Praxis beobachten, wie das allgemeine Gesundheitsbewußtsein kontinuierlich gestiegen ist. Die kritische Einstellung gegenüber nebenwirkungsbeladenen Medikamenten und die Auswüchse der unpersönlichen Apparatemedizin haben diese Entwicklung sicherlich gefördert.

Immer häufiger werde ich gefragt – und zunehmend von jungen Menschen – was sie zur Erhaltung ihrer Gesundheit tun können. Sie wollen die Schwachstellen ihres Organismus kennenlernen, um zusätzliche Belastungen einzuschränken, Leistungsverluste ausgleichen bzw. vermeiden und gezielte Maßnahmen zur Steigerung der Abwehrsysteme anwenden.

In den Augen zeigen sich die entscheidenden Hinweise für die individuelle organische Belastung des einzelnen. Durch die Konstitutionseinteilung samt Untergruppen finden wir einen direkten, erfolgversprechenden Weg, die veranlagungsbedingten Krankheiten zu vermeiden oder deren Entwicklung zumindest langfristig hinauszuzögern.

Die Konstitutions- bzw. Hauptmittel

Für jeden Konstitutionstyp gibt es sogenannte Hauptmittel. Ich führe jeweils verschiedene Möglichkeiten auf, die weitgehend gleichwertig nebeneinander stehen können. Sie bieten unterschiedliche therapeutische Ansätze mit dem gleichen therapeutischen Ziel. Es gibt Tees, die unkomplizierten biochemischen Präparate nach Dr. Schüßler und homöopathische Tropfen oder Tabletten.

Vertrauen Sie Ihrem Gefühl, und entscheiden Sie sich für eine der drei Möglichkeiten. Wenn Sie mit Widerwillen ein Medikament nehmen oder einen Tee trinken, ist die Wirkung mit Sicherheit nicht optimal. Sich zu zwingen oder zwingen zu lassen, kann niemals dauerhaft helfen. Die Behandlung muß in gutem »Einvernehmen« erfolgen; Sie sollen sich innerlich mit ihr identifizieren.

Es spricht nichts dagegen, die einzelnen Varianten hin und wieder zu wechseln. Ihre Wahl muß nicht für alle Ewigkeit sein. Falls Ihnen nach einiger Zeit der Tee nicht mehr schmeckt, können Sie gern eine Pause einlegen und eine der beiden Alternativen ausprobieren. Allerdings sollten Sie immer nur ein Hauptmittel nehmen und mindestens zwei, drei Monate bei demselben Mittel bleiben, bevor Sie wechseln.

Diese Hauptmittel bilden die Basistherapie sowohl zur Erhaltung der Gesundheit als auch zur Behandlung der Krankheitszeichen. Sie sollten die Konstitutionsmittel auch bei akuten Erkrankungen nehmen, um den Heilprozeß zu fördern und die Schwachstellen des Organismus gerade während dieser Phase zu schützen. Die hier aufgeführten Medikamente vertragen sich mit den meisten anderen, auch mit den schulmedizinischen Präparaten, problemlos. Sollten Zweifel über die Verträglichkeit bestehen, fragen Sie den Behandler, ob Ihr Konstitutionsmittel mit den anderen Mitteln kollidiert.

Sollte dabei ein schulmedizinisch orientierter Arzt kein Verständnis für naturheilkundliche Methoden zeigen, so ist das kein zwingendes Argument gegen unsere Mittel.

Unerwünschte Nebenwirkungen und Unverträglichkeiten gegen andere Präparate sind bei den von mir aufgeführten Medikamenten außerordentlich selten, aber grundsätzlich nie ganz ausgeschlossen. Jedes Medikament, das eine Wirkung hat, kann diese Wirkung auch zur falschen Zeit oder am falschen Ort erzielen; lediglich Scheinmedikamente aus purem Milchzucker können nie wirklich Schaden anrichten.

Fast jede Substanz, egal ob biologisch, chemisch oder als Teebestandteil, kann Allergien auslösen, wenn ein Mensch entsprechend allergisch disponiert ist. Meist verschwinden diese unerwünschte Reaktionen nach dem Absetzen der Medizin. Allergische Reaktionen auf unbekannte Stoffe sind nicht vorhersehbar. Auch die Augen zeigen nur eine grundsätzliche, nie die spezifisch auf eine bestimmte Substanz gerichtete überschießende Reaktionsbereitschaft. Menschen mit bekannten Allergien (Allergiepaß) sollten Beipackzettel und Hinweise auf der Verpackung genau daraufhin durchlesen, ob dieses Mittel für sie problematische Substanzen enthält. Bleiben Zweifel, fragen Sie Ihren Arzt, Heilpraktiker oder Apotheker.

Biologische Mittel müssen konserviert werden, damit sie nicht frühzeitig verderben. Als Konservierungsmittel dient meist Alkohol in hoher Kon-

Die medizinische Bezeichnung der Substanzen

Die Konstitution	**Die Teemischung***	**Biochemische Mittel nach Dr. Schüßler****	**Homöopathische Mittel**
Dunkelblaue Augen (rein lymphatische Konst.)	Hb. Grindeliae Hb. Urticae Fruct. Cynosbati	Calcium phos. Silicea	Calcium carb. D6 China D4
Stahlblaue Augen (hydrogenoide Konstitution)	Fol. Urticae Fol. Betulae	Calcium phos. Natrium sulf.	Bryonia D4 Aconitum D6
Hellblaue Augen (harnsaure Konstitution)	Fruct. Juniperi Fruct. Foeniculi Rad. Liquiritiae	Natrium phos. Silicea	Colchicum D4 Rhus tox. D4
Graublaue Augen (neurogene Konstitution)	Rad. Valerianae Flor. Humuli lupuli	Kalium phos. Magnesium phos.	Acidum phos. D4 Zincum val. D4
Grüne Augen (Mischkonstitution)	Flor. Tiliae Flor. Chamomillae	Kalium sulf. Natrium phos.	Solidago D2
Hellbraune Augen (biliäre Konstitution)	Fol. Menthae pip. Rad. Taraxaci	Natrium sulf. Kalium sulf.	Chelidonium D4 Carduus marianus D4
Dunkelbraune Augen (hämatogene Konstitution)	Hb. Furmariae Rad. Taraxaci Hb. Millefolii	Calcium phos. Natrium sulf.	Aurum D6 Arnica D6

* Die genaue Zusammensetzung der Tees finden Sie auf Seite 205 ff. im Serviceteil.

** Jeweils in der Stärke D6.

Die deutschen Namen der Substanzen

Die Konstitution	**Die Teemischung***	**Biochemische Mittel nach Dr. Schüßler****	**Homöopathische Mittel**
Dunkelblaue Augen (rein lymphatische Konst.)	Grindelia Brennesselkraut Holunderblüten	Nr. 2 Nr. 11	Calcium carb. Chinarinde
Stahlblaue Augen (hydrogenoide Konstitution)	Brennesselblätter Birkenblätter	Nr. 2 Nr. 10	Zaunrübe Eisenhut
Hellblaue Augen (harnsaure Konstitution)	Wacholderbeeren Fenchel Süßholzwurzel	Nr. 9 Nr. 11	Herbstzeitlose Giftsumach
Graublaue Augen (neurogene Konstitution)	Baldrianwurzel Hopfenblüten	Nr. 5 Nr. 7	Acid. phos. Zincum
Grüne Augen (Mischkonstitution)	Lindenblüten Kamillenblüten	Nr. 6 Nr. 9	Goldrute
Hellbraune Augen (biliäre Konstitution)	Pfefferminzblätter Butterblumenwurzel	Nr. 6 Nr. 10	Schöllkraut Mariendistel
Dunkelbraune Augen (hämatogene Konstitution)	Ackerrautenkraut Butterblumenwurzel Schafgarbenkraut	Nr. 2 Nr. 10	Gold Bergwohlverleih

* Die genaue Zusammensetzung der Tees finden Sie auf Seite 205 ff. im Serviceteil.

** Jeweils in der Stärke D6.

zentration. 40 bis 70 Prozent Anteil gelten als normal, höhere Anteile sind möglich. Trotzdem bleibt die absolute Alkoholmenge gering, die mit einer Dosierung eingenommen wird.

Alkoholkranke und Babys dürfen keinen Alkohol bekommen, auch keine homöopathischen Tropfen, die Alkohol enthalten. Für alle anderen entstehen durch die Einnahme keine Probleme: Eine kleine Flasche homöopathischer Tropfen enthält etwa 25 Milliliter Flüssigkeit. Die darin enthaltene Alkoholmenge entspricht der von ein bis zwei gut eingeschenkten Schnäpsen. Je nach Dosierung reicht so ein Fläschchen für zwei bis fünf Wochen: Zwei Gläschen Schnaps auf diese Zeit verteilt können kaum schaden.

Für Alkoholkranke sind Tee oder die festen Tablettenformen vorteilhafter. Sind Tropfen unumgänglich, wenn z. B. ein Medikament nur in flüssiger Form vorliegt, sollten sie auf einen Zwieback getropft eine Stunde lang ausdünsten. Der Alkohol geht dann verloren, aber nicht der Wirkstoff.

Die in der folgenden Übersicht jeweils in einem Feld gemeinsam genannten Mittel müssen zusammen als Teemischung, als biochemische oder homöopathische Kombination eingenommen werden. Als übliche Dosierung gilt dabei pro Tag:

- entweder ein bis zwei Tassen Tee oder
- jeweils zweimal eine biochemische Tablette oder
- jeweils zweimal 12 bis 15 Tropfen von den homöopathischen Mitteln.

Die Zusatzmittel

In den meisten Augen finden sich neben der Hauptkonstitution zusätzlich weitere angeborene Belastungszeichen. Auch diese Irisphänomene sind kein Hinweis für vorhandene Erkrankungen! Es sind Zeichen für organische oder systemische Leistungsschwächen und Schwachstellen. Durch diese Belastungen kann die Entstehung einer Krankheit gefördert und der Verlauf verschlimmert werden. Die Größe dieser Zeichen sagt nichts aus über den momentanen Gesundheitszustand. Große, beeindruckende

Strukturveränderungen in der Regenbogenhaut bedeuten nicht unbedingt schwere Krankheiten. Der Zeitpunkt für den Ausbruch einer Krankheit oder deren Heilung kann niemals aus der Iris bestimmt werden.

Auch diese Belastungshinweise sollten bei der vorbeugenden Behandlung zur Erhaltung der Gesundheit mit beachtet und behandelt werden. Diesen Zweck erfüllen die Zusatzmittel. So können die Schäden für das Bindegewebe, die Störungen bei einer Groß- oder Kleinpupille und die Belastungen des weißen Außen- bzw. der Innenringe verringert werden.

Die Zusatzmittel bei Bindegewebsbelastung

Durch Stretching, Gymnastik, Yoga oder Sport kann zwar die Muskulatur eines Menschen trainiert, gekräftigt und aufgebaut werden, das Bindegewebe hingegen wird im Laufe des Lebens immer schlaffer und kann nicht nachhaltig verbessert werden. Die Elastizität der Bänder und Gelenke läßt sich erhöhen und erhalten, vorhandene Schädigungen des Bindegewebes aber bleiben bestehen: Die Regenerationskraft des Organismus ist in diesen Fällen begrenzt.

Die Qualität des Gewebes kann durch falsche Lebensführung Stück für Stück Schaden leiden. Ein Übermaß an Alkohol, Nikotin, Kaffee und an scharfen Gewürzen wirkt schädlich. Ein mäßiger Umgang mit diesen sogenannten »Genußmitteln« wird im allgemeinen vom Körper problemlos verkraftet. Es gilt, das rechte Maß zu wahren und dem Organismus ausreichende Erholungsphasen zu gönnen.

Bindegewebsbelastete Menschen müssen diese Verhaltensregeln zeitlebens beachten. Leider. Jeder Verstoß fördert die Entstehung von Krampfadern, Bandscheibenverschleiß, Leisten- oder Bauchfellbrüchen, Gebärmuttersenkung, Hämorrhoiden, schlaffem Po, Bauch und Busen und zahllosen anderen Problemen.

Das Ziel der Behandlung ist das Verzögern der nachteiligen Entwicklung. Die Zusatzmittel müssen regelmäßig, entweder intensiv als Kur oder fortwährend in niedriger Dosierung über viele Jahre eingenommen werden; eine Schwachstelle läßt sich nicht aus dem Körper verbannen. Eine gesunde Lebensführung als Basis und die Begleittherapie zur Unterstützung verhindern das Schlimmste.

Das Mittel der Wahl bei Bindegewebsschwäche ist die Biochemie Nr. 11 Silicea D6. Nebenwirkungen, Wechselwirkungen oder Gegenanzeigen sind nicht bekannt; die Tabletten können nach dem heutigen Kenntnisstand bedenkenlos lebenslang eingenommen werden. Im allgemeinen reichen 1 bis 2 Tabletten täglich, entweder gelutscht, im Tee aufgelöst oder mit etwas Flüssigkeit geschluckt.

Als homöopathisches Mittel empfehle ich Aletris farinosa, die Sternwurzel aus Nordamerika. Aletris ist ein altes indianisches Mittel zur Behandlung von Frauenleiden und Bindegewebsproblemen. Ich verordne es kurmäßig, alle drei Monate eine Flasche, über Jahre hinweg und verwende die Sternwurzel mehr zur Behandlung vorhandener Bindegewebsprobleme als zur Vorbeugung. Trotzdem ist es eine Alternative zu Silicea.

Die Zusatzmittel bei Kleinpupillen oder Großpupillen

Diese Mittel wirken entgegengesetzt, die große Pupille soll verkleinert, die kleine vergrößert werden. Sie sollten daher niemals gemeinsam eingenommen werden. Bevor Sie große oder kleine Pupillen behandeln, muß ausgeschlossen werden, daß diese durch innere Krankheiten oder äußere Ursachen entstanden sind. Während einer Infektionskrankheit, bei Alkoholmißbrauch und bei der Einnahme bestimmter Medikamente läßt sich die Pupillengröße irisdiagnostisch nicht bewerten. Bei Kleinpupillen sollte unbedingt der Augendruck gemessen werden, um einen grünen Star auszuschließen. Bei dieser Krankheit entsteht im akuten Anfall wie bei jedem starken Schmerz übrigens eine riesengroße Pupille.

Das Zusatzmittel für die Großpupille ist Stramonium, der Stechapfel, oder Aconitum, der giftige Eisenhut. Diese homöopathischen Mittel können mit dem Tee oder separat mit Flüssigkeit zweimal täglich eingenommen werden. Meist setze ich diese Mittel nur phasenweise ein, wenn die typischen Symptome einer Großpupille auftreten, mindestens drei bis sechs Monate lang, bis die Symptome weitgehend oder ganz verschwunden sind. Kehren sie nach dem Absetzen zurück, verordne ich die Mittel wieder. Großpupillen sind schon bei Jugendlichen und jungen Erwachsenen anzutreffen, und ich verschreibe diese Zusatzmedikation frühzeitig, um der Entwicklung gravierender Krankheitszustände entgegenzuwirken.

Die Kleinpupille ist eher typisch für die reiferen Jahrgänge. Bei ihr hilft Ignatia amara, die Ignatiusbohne aus Südostasien, oder Sumbulus, die persische Moschuswurzel. Vielfach werden die Menschen durch die Einnahme dieser Mittel »umgänglicher«; sie kommen besser mit ihrer Umwelt zurecht. Manches Eckige oder Kantige in ihrem Verhalten wird weicher, runder. Das Zusatzmittel ist langfristig mit dem Konstitutionsmittel einzunehmen.

Bei unruhigen Schreikindern, die ständig aus scheinbar nichtigen Anlässen losbrüllen, findet sich häufig eine Veranlagung zur Kleinpupille. Für diese Kinder und für sogenannte jähzornige Menschen lohnt ganz sicher ein Versuch mit diesen Zusatzmitteln.

Das Zusatzmittel beim weißen Außenring

Dieser weiße Kranz außen um die Regenbogenhaut entwickelt sich fast immer erst in der zweiten Lebenshälfte oder dem letzten Lebensdrittel, ganz selten habe ich bei Zwanzigjährigen eine solche Entwicklung beobachtet. Tritt dieser Ring als Teilkreis auf, sind Durchblutungsstörungen wahrscheinlich; oben in der Iris spricht er für eine eingeschränkte Blutversorgung im Gehirn, ein Teilkreis unten verweist auf Mangelversorgung von Armen und Beinen.

Der weiße Außenring gilt als Hinweis für eine Fettstoffwechselstörung, für Arterienverkalkung und Durchblutungsprobleme, auch wenn noch keine spürbaren Beeinträchtigungen auftreten. Vorbeugung ist extrem wichtig, deshalb beim ersten Anflug dieses Zeichens damit beginnen und über die Jahre bis ins hohe Alter fortsetzen. Ich rate nur dann zu einer Einnahmepause, wenn insgesamt zu viele Medikamente verordnet sind.

Steht die Fettstoffwechselstörung im Vordergrund, empfehle ich als Zusatzmittel Biochemie Nr. 11 Silicea mit Carduus marianus, der Mariendistel, kombiniert.

Der Wirkstoff dieser Pflanze, das Silymarin, entgiftet die Leber und damit den gesamten Körperstoffwechsel. Die Dosierung kann recht niedrig bleiben; wichtig ist vor allem die langfristige Einnahme.

Finden sich schon die ersten Zeichen von Durchblutungsstörungen, ist Gingko biloba, der japanische Tempelbaum, angezeigt. Die durchblutungsfördernde Wirkung seiner Extrakte ist heute auch in schulmedizinischen Kliniken anerkannt und bewiesen. Gingko kann und sollte Dauermedikament sein; es wird im allgemeinen hervorragend vertragen.

Im fortgeschrittenen Stadium ist bei Vorhandensein eines weißen Außenrings ein Nachlassen der Hirnleistung, der Konzentrationsfähigkeit oder des Erinnerungsvermögens zu beobachten. Wunder sind hier medikamentös leider nicht mehr möglich, aber eine erkennbare Verbesserung des bestehenden Zustands läßt sich erreichen. Die weitere Verschlechterung sollte sich verlangsamen. Das Zusatzmittel für die Basisbehandlung ist die Biochemie Nr. 5 Kalium phosphoricum.

Das Zusatzmittel bei Innenringen

Die Innenringe sind in den braunen Augen besonders häufig und meist leicht zu erkennen. Mit einem geübten Auge und einer Lupe kann in den meisten Fällen sogar das Organsystem erkannt werden, in dem sich dieses Belastungszeichen besonders deutlich darstellt. Das kann bei einer merklichen Aufhellung dieser Ringe sein, an Abbruchstellen oder dort, wo die Ringe von besonders hellen Radiären »geschnitten« werden.

In den blauen Augen sind diese Kreise nur als Kreisausschnitt und häufig nur dezent unauffällig erkennbar. Die diagnostische Grundaussage bleibt die gleiche, egal, ob nur ein Teilkreis oder viele weitgehend geschlossene Ringe durch die Iris laufen: Dieser Mensch neigt zu muskulärer, seelischer oder nervlicher Verspannung bzw. Verkrampfung.

Dieses Zeichen ist altersunabhängig und irreversibel, kein Medikament läßt es verschwinden. Ich setze das Zusatzmittel nur phasenweise ein oder bei konkretem Bedarf; wenn die unterschwellige Verkrampfungsbereitschaft gesundheitliche Probleme bereitet, dann ist es mindestens drei Monate durchgehend einzunehmen. Als Zusatzmittel zur Vorbeugung reicht eine einmalige Dosis täglich, die langfristig über Jahre gut vertragen wird.

Das Mittel der Wahl ist entweder die Biochemie Nr. 7 Magnesium phosphoricum oder biologisches Magnesium, das von vielen Firmen angeboten wird.

Die Dosierung

Ich verwende pflanzliche Medikamente, deren Wirksamkeit in den meisten Fällen auf wissenschaftlicher Basis bewiesen ist. Als Faustregel gilt, daß rezeptfrei verkaufte Präparate soweit verdünnt wurden, daß sie ohne Einschränkung gut verträglich sind. Der Wirkstoffgehalt schwankt je nach Pflanze, bei giftigen muß er zwangsläufig kleiner sein. Bei den biologischen Mitteln empfehle ich eine Konzentration, die problemlos vertragen wird, aber noch möglichst viel Wirkstoff enthält.

Für die zwölf biochemischen Mittel nach Dr. Schüßler sind keine Gegenanzeigen, Nebenwirkungen oder Wechselwirkungen bekannt. Sie können im allgemeinen bedenkenlos lebenslang eingenommen werden. Mehrere Firmen bieten gleichwertige »Schüßlersche Mittel« an. Das ist kein Handelsname einer bestimmten Arzneimittelfirma, sondern die Bezeichnung einer Heilmethode mit zwölf anorganischen Salzen, die von dem Arzt Dr. Schüßler entwickelt worden ist. Die Mineralstofftabletten werden in den homöopathischen Konzentrationen D6 oder D12 und in der Mischkonzentration D3 – D6 – D12 angeboten. Manche natürlichen Quellen enthalten besonders hohe Konzentrationen der Schüßler-Salze. Jedes biochemische Mittel kann aus dem Wasser einer bestimmten Quelle extrahiert werden. Auf diese natürliche Art gewonnene Mittel werden als Biopastillen verkauft.

Die Dosierung der Biochemie ist einfach; es kann nicht überdosiert werden. Eine zu hohe Dosierung bringt keinerlei größeren Nutzen. Für die Konstitutionsbehandlung reichen zwei bis drei Tabletten täglich, bei akuten Erkrankungen kann wesentlich höher dosiert werden.

Als Zusatzmedikation für die Konstitutionstherapie zur Erhaltung der Gesundheit eignen sich die biochemischen Mittel besonders gut. Sie vertragen sich mit allen homöopathischen Mitteln problemlos und können mit dem Konstitutionstee eingenommen oder in ihm aufgelöst werden. Es ist für die Wirkung gleich, ob Sie den Tee vor, während oder nach einer Mahlzeit trinken. Magenempfindliche Patienten können probieren, wann und wie er am bekömmlichsten ist. Trinken Sie ihn nicht zu heiß. Allerdings verliert er manchmal an Geschmack, wenn er zu kalt wird. Tee muß so gut schmecken, daß er auf Dauer mit Genuß getrunken werden kann.

Generell sollten Sie Tees aus einer Tasse oder einem Glas trinken und nicht aus einem Metallgefäß: Manche Wirkstoffe können mit Metallen chemisch reagieren und so ihre Wirkung verändern. Bei der Zubereitung sollten Sie auf jeden Fall immer die entsprechenden Ratschläge aus dem Kapitel »Die Tees« (siehe Seite 205 ff.) befolgen. Denken Sie daran, daß auch Tee Medizin ist und sozusagen überdosiert werden kann. Sowohl die beim Aufgießen verwendete Teemischung als auch die Anzahl der täglich konsumierten Tassen kann über der medizinisch sinnvollen Menge liegen und damit unerwünschte Wirkungen erzielen.

Im allgemeinen sind, wenn Sie den Tee vorbeugend nehmen, eine oder zwei Tassen am Tag genug. Sollten Sie irgendwelche unerwünschten Reaktionen verspüren, die durch den Tee verursacht sein könnten, wechseln Sie auf eines der alternativ genannten Konstitutionsmittel. Das gilt auch für all diejenigen, die keine Teeliebhaber sind oder Tee nicht vertragen.

Zur Vorbeugung genügt es, die Mittel für die Konstitution mit den Zusatzmitteln einmal täglich morgens zu schlucken. Wenn es wie hier um die Erhaltung der Gesundheit geht, sollten insgesamt zwei, allenfalls drei Medikamente ausreichen. Sind neben dem Konstitutionsmittel zwei oder mehr Zusatzmittel notwendig, empfehle ich ein Rotationsverfahren: Das Konstitutionsmittel bleibt, alles andere wird regelmäßig gewechselt. Sie können täglich wechseln, wöchentlich, oder immer, wenn eine Flasche leer ist.

Nicht mehr ganz gesund, aber noch nicht richtig krank

Ein Mensch, der sich wirklich gesund fühlt, ist auch gesund! Zu dieser Regel gibt es nur ganz wenige Ausnahmen.

Die allermeisten Krankheiten entstehen allmählich, langsam in Etappen fortschreitend. Am Anfang ist der Organismus noch völlig gesund, hat aber, wie wir wissen, starke und schwache Seiten. Bis zu einem gewissen Grad können belastende Faktoren wie Streß, Umwelteinflüsse, permanenter Ärger, falsche Ernährung oder Bakterien durch körpereigene Funktionen und Abwehrsysteme ausgeglichen werden. Ein gewisses Maß an Belastung braucht der Körper sogar als Training. Jedes Körperteil, das nicht genutzt wird, verkümmert. Das gilt für die Muskeln und Gelenke, das Hirn, die inneren Organe, Körperfunktionen genauso wie für die fünf Sinne. Wenn sie nicht genutzt werden, bilden sie sich zurück.

Ersetzen wir einen Aufgabenbereich von außen durch Medikamente, schränkt der Organismus seine eigene Funktionsbereitschaft ein. Wir kennen dieses fatale Wechselspiel zwischen Penizillinen und den körpereigenen Abwehrsystemen, zwischen medikamentösen Hormongaben und der eigenen Hormonproduktion, oder, ganz einfach, zwischen Abführmittel und Darmaktivität bzw. -inaktivität.

Zu Beginn einer Krankheit wird das Körpersystem durch irgendwelche Umstände stärker belastet, als es selbst ausgleichen oder vertragen kann. Alle zur Verfügung stehende Kraft und Energie wird eingesetzt, um eine Erkrankung zu verhindern. In dieser Phase reagiert das überlastete Organ mit Alarmsignalen.

Müdigkeit und Abgeschlagenheit gehören zu den allerersten Zeichen einer Krankheitsentwicklung. Schlafbedürfnis, Leistungsverlust und Konzentrationsschwäche gesellen sich dazu. Die normalen Erholungsphasen reichen nicht aus. Schmerzen, Mißempfindungen, Fieber oder andere Symptome folgen als nächster Schritt.

In dieser Phase ist der Körper noch nicht krank, die Grenze zwischen »gut« und »schlecht« ist noch nicht überschritten. Die Blutwerte und die anderen Untersuchungsergebnisse liegen wahrscheinlich im normalen Bereich. Wenn die auslösenden Faktoren fortbestehen, sich aber nicht verstärken, kann dieser Zustand über Jahre andauern. Die Alarmzeichen bleiben, weil der Organismus nach wie vor nicht in der Lage ist, die belastenden Faktoren auszugleichen und zu überwinden. Das zehrt an den Kräften und den Energiereserven. Weitere Störungen oder Symptome können die Folge sein.

In dieser Phase braucht das überlastete Organ ein wenig Hilfe, um zu normaler Funktion zurückzufinden. Ein bißchen mehr an Kraft, eine kleine Portion an Unterstützung oder etwas Entlastung kann ausreichen, die vollständige, ungetrübte Gesundheit mit Lebensfreude und Schaffenskraft wiederherzustellen.

Die Augendiagnose bietet den Schlüssel zur Erkenntnis der Ursachen, die biologische Therapie das geeignete Werkzeug.

Nur sehr wenige Krankheiten entwickeln sich gänzlich im Verborgenen. Gerade vor diesen haben die Menschen besondere Angst. Weil viele ihrem Gefühl, gesund zu sein, nicht trauen, lassen sie sich regelmäßig labortechnisch »durchchecken«. Ein positives, gutes Ergebnis führt häufig genug zu einem nicht angebrachten Gefühl der Sicherheit; bei diesen Untersuchungen kann ein wichtiges Stadium der Krankheitsentwicklung nicht erfaßt werden, nämlich der Zeitabschnitt, in dem der Körper nicht mehr ganz gesund, aber noch nicht richtig krank ist.

Andererseits führt dieses Durchchecken häufig zu »Befundkrankheiten«, bei denen sich der Untersuchte uneingeschränkt gesund fühlt, obwohl bei der Untersuchung irgendein Befund außerhalb der Norm liegt. Das kann angeboren sein und diesen Menschen lebenslang begleiten, muß aber keinerlei gesundheitliche Folgen haben. Sicherlich sollte dieses Ergebnis nach einer gewissen Zeit kontrolliert werden.

Solange die Alarmzeichen einer sich entwickelnden Krankheit aber nicht unterdrückt oder bewußt übersehen werden, der Mensch sich also wirklich wohl fühlt, gibt ein solcher Befund keinen Anlaß, mit Angst und Sorge in die Zukunft zu blicken. Ich kenne unzählige solcher Befundkranke, die ihren schlechten Wert bei guter Gesundheit in hohem Alter sozusagen »mit ins Grab genommen« haben. Die Meßtoleranz von Laborwerten ist größer als die Wahrscheinlichkeit, verborgene Leiden auszubrüten.

Selbst die scheinbar urplötzlich auftretenden, tödlichen Krankheiten wie Infarkt, Herzstillstand oder Schlaganfall kündigen sich in den meisten Fällen mit kleinen Zeichen an, die zwar nicht im EKG nachweisbar sind, aber von einem aufmerksam auf körperliche Zeichen achtenden Menschen als Alarmsignale verstanden werden können. In den Augen sind auch für solche Krankheiten Vorankündigungen zu sehen.

Das Hauptmittel bei der Behandlung von Symptomen

Grundsätzlich sollte bei jeder in diesem Buch beschriebenen Therapie das Konstitutionsmittel als Hauptmittel genommen werden. Zur Erhaltung der Gesundheit dienen als Zusatzmittel die Präparate für die anderen angeborenen Belastungen, also bei Bindegewebsschwäche, Groß- oder Kleinpupille, dem weißen Außenring oder den Innenringen. Mit dieser Kombination können Sie Ihre derzeitige Fitneß bis ins hohe Alter erhalten.

Zur Behandlung von Symptomen, d.h. in der Grauzone zwischen »Nicht mehr ganz gesund« und »Noch nicht richtig krank«, läßt sich die Konstitutionstherapie mit den biologischen Mitteln aus dem folgenden Therapieschema wirkungsvoll ergänzen. Diese Kombination ermöglicht eine sehr individuelle und im höchsten Maße erfolgversprechende Behandlung.

Das wichtigste Grundelement für alle meine Therapievorschläge ist die Bestimmung der Konstitution! Daraus ergeben sich nach der Tabelle im Kapitel »Gesund sein – fit bleiben« (Seite 138/139) die passenden Konstitutionsmittel. Sie können gefühlsmäßig oder Ihren Neigungen entsprechend zwischen den drei angebotenen Varianten wählen. Keine ist der anderen grundsätzlich überlegen; sie unterscheiden sich zwar im Therapieansatz, aber nicht im Therapieziel.

Die Behandlung der Symptome basiert auf den im Auge erkennbaren angeborenen Veranlagungen. Solange keine krankhaften Werte ermittelt werden können, kann man davon ausgehen, daß die Ursache der Krankheitszeichen bei den Organen zu finden ist, die der Konstitutionslehre nach als Schwachstellen im Körper gelten. Je weiter Sie in die Irisdiagnose einsteigen, um so mehr Zeichen werden Sie frühzeitig im Auge erkennen, die diesen Verdacht erhärten.

Die Medikamente gegen die Symptome

In allen medizinischen Behandlungsfibeln und einschlägigen Standardwerken der Therapie erklären die Autoren auf der einen Seite die Krankheiten, auf der anderen Seite die Behandlungsvorschläge. Diese Tips variieren je nach therapeutischer Weltanschauung der Verfasser und dem Zeitpunkt ihres Erscheinens: homöopathische Empfehlungen, allopathische Dogmen, esoterische Regeln oder mentale Gebrauchsanweisungen. Sie alle könnten zum Ziel führen – vorausgesetzt, die Krankheit würde richtig erkannt.

Schwierig wird es, wenn gar keine Krankheit vorliegt, die Ursache des Unwohlseins, der Mißempfindung noch keinen Namen hat, wenn bereits Krankheitszeichen quälen, ohne nachweisbar zu sein. Abgeschlagenheit, Müdigkeit und Schmerz können nicht objektiv gemessen, sondern »nur« subjektiv empfunden werden.

Die Behandlung von Symptomen erschöpft sich meist in deren Unterdrückung. Fieber wird gesenkt, Kopfschmerz gestillt, Durchfall verstopft. Oftmals liegen aber die Ursachen der Krankheitszeichen nicht am Ort ihrer Erscheinung. Kopfschmerz kann durch eine Fehlfunktion von Nieren, Leber oder Darm ausgelöst sein, Fieber seine Entstehung irgendwo im Körper haben. Diese Zustände zu unterdrücken heißt, Warnsignale zu ignorieren. Symptomunterdrückung bedeutet keine Heilung, unter Umständen wächst die Gefahr einer Erkrankung: nämlich im Verborgenen. Damit verringert sich die Chance einer Heilung.

Es gilt, Veränderungen im Körper, Unwohlsein, Leistungsminderung oder Mißempfindungen als Alarmsignale zu akzeptieren. Keine Ursache zu finden heißt noch lange nicht, keine Ursache zu haben. Mit den Möglichkeiten der alternativen Diagnostik bieten sich zusätzliche Wege, Hinweise für die Ursachen von Symptomen oder Krankheiten aufzuspüren.

Unserem Körper ist es letztlich gleich, wer oder was hilft. Es geht um einen sinnvollen therapeutischen Ansatzpunkt, um die Ursachen zu bekämpfen. Wenn Alarmzeichen nicht mehr nötig sind, verschwinden sie auch wieder. Die Kombination aus Irisdiagnose und homöopathischer Heilkunde ist hervorragend für diesen Zweck geeignet.

Die Augendiagnose offenbart die Schwachstellen, die belasteten Organe und damit die wahrscheinlichen Ursachen der Krankheitsempfindung.

Die Wirkung der Homöopathie ist grundsätzlich auf die Symptome einer Krankheit ausgerichtet. Da die meisten Krankheitszeichen durch verschiedene Ursachen ausgelöst werden können, kann man aus der unendlichen Fülle pflanzlicher Wirksubstanzen für jeden möglichen auslösenden Krankheitsfaktor ganz individuell die lindernden und heilenden Extrakte heraussuchen. Diese symptomenbezogenen, ursächlich heilenden Pflanzenextrakte werden mit der Konstitutionstherapie kombiniert zum perfekten Heilverfahren: Mit milden, aber gezielt wirkenden Medikamenten ohne große Gefahr unerwünschter Begleiterscheinungen werden die Ursachen des Unwohlseins behandelt und eine Verschlimmerung der Erkrankung verhindert.

Die Dosierung

Bei einer vorbeugenden Maßnahme wird niedriger dosiert als bei einer Heilbehandlung. Im ersten Fall sollen die Medikamente das Entstehen von Krankheiten oder deren Symptome verhindern oder zumindest herauszögern. Dafür reicht eine dezente Unterstützung der anlagebedingt schwachen Organe.

Wenn erste Alarmsignale aufgetreten sind, hat die Entwicklung zur Erkrankung eines Körperteils eingesetzt. Jedes neue Krankheitszeichen, jede erkennbare Verschlechterung eines langfristig bestehenden Symptoms muß labortechnisch und klinisch untersucht werden.

Mit dem hier vorgestellten Therapieschema lassen sich langfristig gleichbleibende Krankheitszeichen erfolgreich und risikolos behandeln. Dabei ist es egal, ob die Symptome periodisch auftreten oder wellenförmig, nur nach bestimmten Ereignissen oder gleichförmig konstant. Wichtige Grundregel: Es darf keine Verschlimmerung, keine negative Entwicklungstendenz eintreten; sobald das der Fall ist, muß erneut fachmännisch untersucht werden.

Die meisten Patienten, die meine Praxis aufsuchen, sind schon länger als drei Monate mit den Krankheitszeichen konfrontiert. Vielfach quälen oder belasten sie schon jahrelang. Was seit Jahren besteht, kann leider nicht in Tagen oder Wochen verschwinden. Eine erfolgreiche Behandlung chronisch auftretender Symptome braucht Geduld, Disziplin und Ausdauer.

Über einen längeren Zeitraum müssen die Medikamente regelmäßig genommen werden. Eine einmalige tägliche Dosierung reicht oft nicht mehr aus. Im Regelfall sollten die Mittel dreimal täglich eingenommen werden, um eine gleichmäßige Anregung und Behandlung der Ursachen zu erzielen.

Wenn Sie als Hauptmittel einen Tee gewählt haben, reichen üblicherweise zwei Tassen täglich: morgens und abends je eine Tasse, wenn im speziellen Fall nichts anders vermerkt ist. Das biochemische oder das homöopathische Hauptmittel soll dreimal am Tag genommen werden, zum Frühstück, zum Abendessen und vor dem Schlafen. Ein genauer Acht-Stunden-Rhythmus wäre gut, muß aber nicht absolut pünktlich eingehalten werden; wichtiger ist die Regelmäßigkeit.

Wenn eine Einnahme vergessen wird, kann sie nicht beim nächsten Mal durch Verdopplung der Dosis ausgeglichen werden. Wer aus welchen Gründen auch immer nicht dreimal, sondern nur zweimal seine Mittel regelmäßig einnehmen kann, wähle einen Zwölf-Stunden-Rhythmus; die dritte Portion wird auf die beiden Einnahmen aufgeteilt. Das ist ein Kompromiß, der mit einem kleinen Wirkungsverlust einhergeht. Dreimal täglich ist das Optimale.

Für manche Mittel gilt eine häufigere Dosierung. Besonders gegen Schmerzen oder Koliken sollen sie so schnell wie möglich wirken. Bei den entsprechenden Mitteln weise ich auf die Möglichkeit hin. Die Einzelportion wird dabei meist gesenkt und der Behandlungsintervall auf ein- oder zweimal stündlich verkürzt.

Tropfen lassen sich nicht immer ganz genau abzählen. Das liegt zum einen an den unterschiedlichen Tropfeinsätzen, zum anderen auch daran, daß zuletzt immer ein, zwei Tröpfchen nachlaufen. Das ist nicht schlimm: Eine Überdosierung ist nicht zu befürchten.

Die empfohlene Dosierung ist für einen 60 bis 70 Kilo schweren Menschen gedacht. Ein deutlich davon abweichendes Körpergewicht verlangt eine Dosisanpassung. Kinder mit dem halben Gewicht bekommen die Hälfte, Schwergewichte können bis zum Doppelten einnehmen. Die ideale Wirkstoffmenge läßt sich analog zum Gewichtsunterschied ausrechnen.

Wenn es zu viele Mittel werden

Solange nur *ein* Symptom behandelt wird, bleibt die Zusammenstellung eines Rezeptes recht einfach. Ein Hauptmittel entsprechend der Konstitution wird mit dem entsprechenden Symptommittel kombiniert.

Schwieriger wird die Behandlungsempfehlung bei zwei oder noch mehr Krankheitszeichen. Dann stellt sich schnell die Frage, wie viele Mittel gleichzeitig genommen werden dürfen und, viel wichtiger, was verträgt sich miteinander?

In meiner Praxis versuche ich, jedes Rezept auf vier Mittel zu begrenzen. Ich benutze dazu ein einfaches, leicht nachvollziehbares Schema, in dem ich drei verschiedene Typen von Medikamenten unterscheide:

1. *Das Konstitutionsmittel.* Das kann (gemäß dem Schema auf Seite 138/139 ein Tee sein (auch ein Tee ist ein Medikament) bzw. ein bis zwei biochemische oder homöopathische Mittel, von denen immer nur eines zur Zeit genommen wird. Hiermit sollen die Ursachen der Symptome behandelt werden.
2. *Das Zusatzmittel,* das aufgrund der entsprechenden Zeichen in der Iris notwendig ist. Es wird gemäß den Angaben auf Seite 145/146 genommen. Auch mit diesen Mitteln werden die Ursachen der Symptome behandelt.
3. *Das Symptommittel,* das gemäß dem Therapieschema (ab Seite 158) eingesetzt wird. Mit diesem Mittel werden die Symptome gelindert.

Das Rezept für den einfachsten Fall: ein Symptom

Beispiel: Kopfschmerzen sind zu behandeln.

1. *Das Konstitutionsmittel*
2. *Das Zusatzmittel.* Liegen zwei oder mehr angeborene Veranlagungen vor, sollen die entsprechenden Präparate umschichtig genommen werden; wechseln Sie täglich oder wöchentlich. Wird nur ein Symptommittel nötig, können aus diesen Konstitutionsuntergruppen bis zu zwei Zusatzmittel gleichzeitig bleiben. Werden zwei Symptommittel empfohlen, dann haben sie Vorrang. Das heißt für die Zusatzmittel: abwechselnd einnehmen.
3. *Das Symptommittel* ist das wichtigste Mittel zur Linderung der Symptome und damit zur Verbesserung der Lebensqualität. Deshalb hat es immer Vorrang. Bei akuten Symptomen kann es entsprechend den Hinweisen für dieses Mittel etwas höher dosiert genommen werden. Die anderen Bestandteile des Rezepts (Konstitutions- und Zusatzmittel) bleiben dabei in der normal üblichen Dosierung.

Das Rezept für den etwas schwierigeren Fall: zwei Symptome

Beispiel: Außer den Kopfschmerzen soll eine periodisch auftretende Übelkeit behandelt werden.

1. *Das Konstitutionsmittel*
2. *Das Zusatzmittel.* Liegen zwei oder mehr zusätzliche Veranlagungen vor, werden die entsprechenden Präparate umschichtig genommen. Wechseln Sie täglich oder wöchentlich.
3. *Die Symptommittel.* Für jedes Symptom sollte nur ein Mittel zur Zeit genommen werden. Werden für ein oder beide Krankheitszeichen zwei verschiedene Mittel genannt, sollten diese im täglichen Wechsel genommen werden, immer eines für jedes Symptom. Als kleine Gedächtnisstütze empfehle ich, ein Fläschchen deutlich zu markieren und daraus an den geraden Kalendertagen einzunehmen, das andere bleibt dann für die ungeraden Tage. Bei akuten Symptomen können die dar-

auf bezogenen Mittel entsprechend den Hinweisen für diese Präparate häufiger genommen werde; die anderen Bestandteile des Rezepts (Konstitutions- und Zusatzmittel) bleiben dabei in der normal üblichen Dosierung.

Das Rezept wird problematisch: drei oder mehrere Symptome

Beispiel: Neben den Kopfschmerzen und der Übelkeit müssen Herzrasen und Wetterempfindlichkeit behandelt werden.

1. *Die Symptommittel.* Sie sind hier am wichtigsten, mit ihrer Hilfe sollen erst einmal die Beschwerden gelindert werden. Für jedes Symptom sollte immer nur ein Mittel zur Zeit genommen werden. Werden für eines oder mehrere Krankheitszeichen zwei Medikamente genannt, müssen sie im Wechsel genommen werden, aber immer eines für jedes Symptom. Als kleine Gedächnisstütze empfehle ich, ein Fläschchen deutlich zu markieren und daraus an den geraden Kalendertagen einzunehmen, das andere bleibt dann für die ungeraden Tage. Bei akuten Symptomen können die darauf bezogenen Mittel entsprechend den Hinweisen für diese Präparate häufiger genommen werden. Die anderen Bestandteile des Rezepts bleiben dabei in der normal üblichen Dosierung.
2. Werden *drei* Symptome gleichzeitig behandelt, bleibt das *Konstitutionsmittel* bestehen. Bei *vier* Symptomen entfällt es, und zwar so lange, bis eines der vier Symptome nachhaltig verschwunden ist. Die Konstitutionspräparate sollen die Ursache behandeln, die Symptommittel die Auswirkung. Dabei muß die Ursache einer Krankheit noch behandelt werden, wenn bereits alle Symptome verschwunden sind, schon deshalb, damit es nicht so leicht zu einem Rückfall kommen kann. Das Symptom behält Priorität, weil es den Menschen im Moment am stärksten belastet und seine Lebensqualität beeinträchtigt.
3. Das *Zusatzmittel* fällt vorerst weg. Sobald die Symptommittel reduziert werden können, wird es wieder hervorgeholt und regelmäßig eingenommen.

Auf diese Art und Weise müssen es nur dann mehr als vier Medikamente zur Zeit sein, wenn mehr als fünf Symptome gleichzeitig behandelt werden sollen. Es besteht aber auch die Möglichkeit, ein Symptom erst einmal unbehandelt zu lassen und es mit vier Mitteln zu probieren.

Im Prinzip lassen sich alle biochemischen und homöopathischen Mittel zusammen einnehmen. Sie können nicht wechselseitig ihre Wirkung verändern. Sie kann allenfalls verstärkt werden, wenn sie in die gleiche Richtung geht, oder aufgehoben, wenn die Medikamente entgegengesetzt wirken. Deshalb können alle diese Mittel auch gleichzeitig oder mit einer Flüssigkeit eingenommen werden. Eine gegenseitige Störung ist in hohem Maße unwahrscheinlich.

Problematisch kann es mit Gewürzen sein. Sie können die Wirkung der Mittel beeinträchtigen, weil viele Gewürze neben der geschmackgebenden auch eine medikamentöse Komponente haben. Gerade das Beispiel mit den Gewürzen macht deutlich, daß sich die Wirkung auf die Geschmacksnerven niemals gegenseitig aufhebt, sondern immer nur ergänzt – solange wir nicht zu viele nehmen.

Achten Sie stets darauf, Medizin nicht auf einem Metallöffel oder in einem Metallgefäß einzunehmen. Metalle können mit organischen oder anorganischen Substanzen chemisch reagieren. Damit entsteht unter Umständen eine völlig unerwünschte Wirkung des Medikaments.

Biologische und homöopathische Mittel vertragen sich in den meisten Fällen gut mit anderen, chemischen Medikamenten. Sie sollten immer die Beipackzettel beachten, in denen vermerkt ist, zwischen welchen Mitteln es zu Beeinträchtigungen oder Veränderungen der Wirkung kommen kann. Wenn Zweifel bleiben, fragen Sie Ihren Arzt, Heilpraktiker oder Apotheker.

Zweimal das gleiche Mittel?

Die Summe der verschiedenen Therapievorschläge dieses Buches kann unter Umständen dazu führen, daß im individuellen Rezept zweimal dasselbe Mittel auftaucht, einmal als Konstitutionsmittel bzw. als Mittel der Untergruppen und noch einmal als Medikament gegen die Symptome.

Das heißt nicht, daß die Dosis zu verdoppeln ist! Hiermit zeigt sich nur, wie wichtig speziell dieses Präparat für den Betroffenen ist; deshalb sollte es besonders gewissenhaft und langfristig genommen werden.

Ein Konstitutionsmittel zur Stärkung der Schwachstellen wird im allgemeinen niedriger dosiert als das gleiche Mittel für die Behandlung von Krankheitszeichen. Ein zweifach notwendiges Präparat sollte auch nach dem Abklingen der Symptome ein wenig höher dosiert bleiben als die übliche geringe Dosierung zur Konstitutionstherapie.

Die Symptome

Immer wieder bin ich von der Belastbarkeit eines gesunden Körpers tief beeindruckt. Wenn wir uns vor Augen führen, wie unendlich kompliziert das reibungslose Miteinander der Organe tagtäglich funktioniert, können wir nur in ehrfürchtigem Staunen vor der Schöpfung stehen. Je tiefer die Wissenschaften die Zellen und deren Miteinander, die Hormone, Gene, Botenstoffe und Stoffwechselabläufe erforschen, desto mehr wächst die Bewunderung vor der Perfektion des Organismus.

Wenn alles reibungslos miteinander harmoniert, fühlen wir uns richtig gesund. Es grenzt an ein Wunder, wie ein gesunder und starker Organismus die unterschiedlichsten mit Gift, Schlacken und Schmutz beladenen Nahrungsstoffe in Energie und Leistung verwandelt und alle Abfallprodukte perfekt entsorgt. Sollte etwas nicht stimmen, so ist jedes Sinnesorgan, jeder Nerv, sind unendlich viele Punkte im Körper in der Lage, uns einen Fehler im Organismus zu signalisieren. Solange das nicht geschieht, fühlen wir uns bei bester Gesundheit und wohl in unserer Haut.

Wenn es zu Signalen aus dem Körper kommt, so sollen sie uns warnen: Irgendwo entwickelt sich ein organischer Schaden. Die Orte von Krankheit und Warnzeichen müssen genausowenig beieinander liegen wie eine Glühbirne beim Lichtschalter. Aus der Signalstärke ist auch nicht zwangsläufig die Gefahr oder der Schweregrad der Erkrankung abzulesen.

Aber wir können aus der Intensität der Symptome ableiten, ob sich ein Zustand bessert oder verschlechtert. Dabei hilft uns die Reaktion der Krankheitszeichen auf äußere Einflüsse bei der Suche nach deren organischen Ursachen (z.B.: Verstärkt sich ein Symptom bei Wärme, Kälte, Streß oder Ruhe?). Für eine erfolgreiche Anwendung des Therapieschemas ist die genaue, möglichst objektive Beobachtung der Symptome und deren Entwicklung unerläßlich.

Allgemeine Symptome

Die allermeisten Krankheiten beginnen mit allgemeinen körperlichen oder nervlichen Symptomen wie Mattigkeit, Müdigkeit, Leistungsschwäche, Unwohlsein, Konzentrationsproblemen, Gereiztheit, Schwindel usw. Im frühen Stadium einer Erkrankung lassen sich aus diesen Alarmzeichen in der Regel keine Rückschlüsse auf die Ursachen ziehen.

Deshalb muß vor der Behandlung aller in diesem Kapitel beschriebenen Symptome grundsätzlich zuerst schulmedizinisch und labortechnisch nach möglichen Ursachen gesucht werden, ganz egal, wie lange diese Beschwerden bereits bestehen.

Allgemeine organische Symptome

Organbedingter Leistungsverlust zeigt sich lange vor einer schulmedizinisch nachweisbaren Erkrankung. Speziell in der zweiten Lebenshälfte verlieren die überdurchschnittlich belasteten Organe früher und vor allem spürbar ihre Kraft als die anderen. Ein Teil dieser Symptome entsteht ganz allmählich, schleichend und anfangs unbemerkt, ein großer Teil bleibt nach unzureichend auskurierten, manchmal recht banalen Infekten zurück.

Durch eine konsequente Konstitutionstherapie ist der Zeitpunkt des Entstehens möglicherweise schon um Jahre hinausgezögert worden; die Empfehlungen aus dem Therapieschema können weiteren Zeitgewinn bringen.

Symptome der Nerven

Der menschliche Körper ist eine Einheit aus Organen, Seele und Geist. Jede Störung dieser Einheit hat Einfluß auf das gesamte System. Jede seelische Belastung führt auf Dauer zu organischen Fehlsteuerungen und geistigem Kräfteverlust – oder umgekehrt.

Jede organische Krankheit löst früher oder später Symptome im Nervensystem aus, besonders der unterbewußte Teil reagiert empfindlich. Zu den

Therapieschema: Allgemeine körperliche Symptome

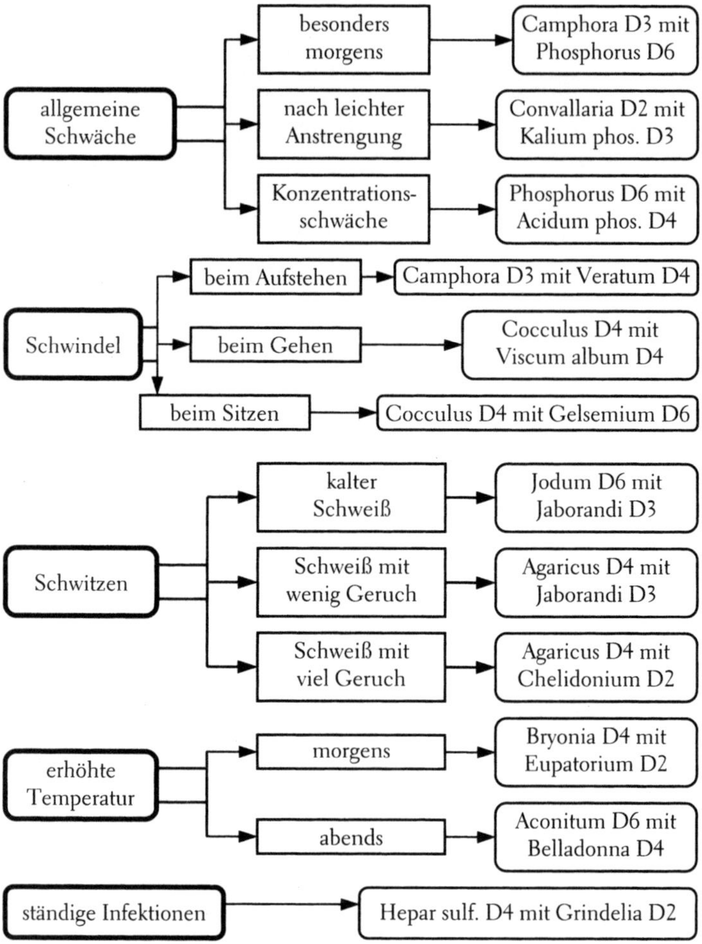

Therapieschema: Symptome der Nerven

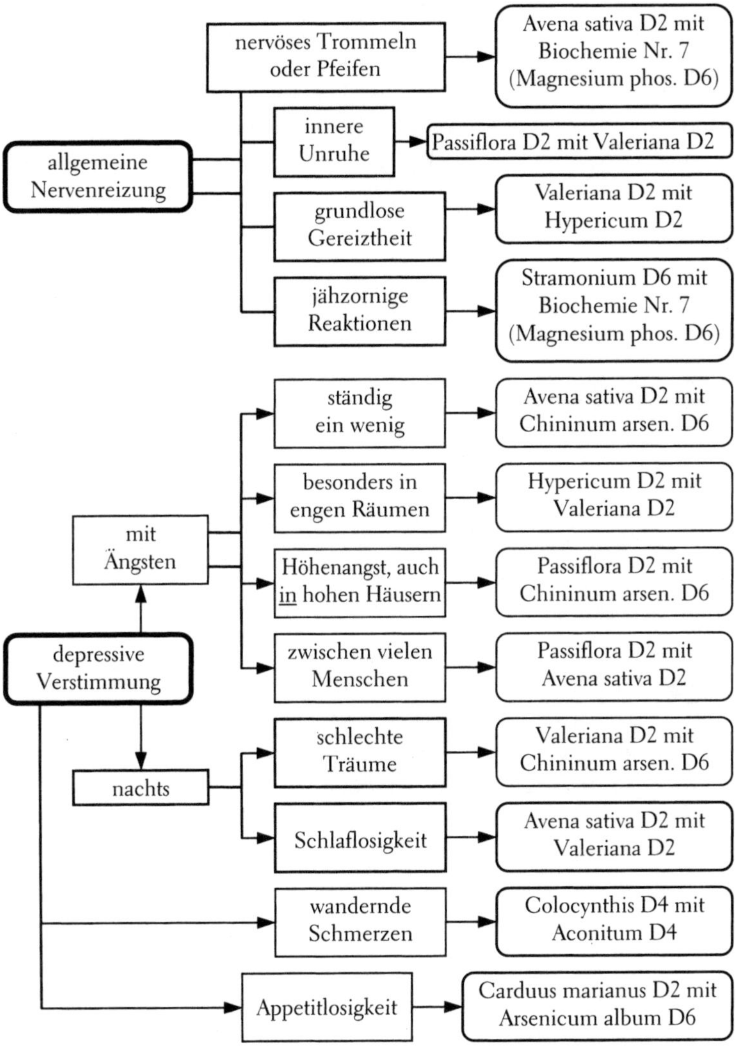

typischen Anfangszeichen gehören Schlaflosigkeit, relativ häufige »schlechte« Träume, morgendliche Startprobleme, zunehmende Ängste, schwermütige Tendenzen, Lustlosigkeit und Jähzorn. Jede Veränderung ist ein Signal und kann auf eine Krankheitsentwicklung hinweisen.

Das eigene Nervenkostüm wird meist entweder durch die rosarote Brille beurteilt oder im Gegenteil mit den Augen eines Hypochonders übertrieben negativ gesehen. Ein objektives Urteil der eigenen nervlichen Situation kann nur durch andere erfolgen.

Symptome im und am Kopf

Chronische Kopfschmerzen

Mit Erkrankungen des Kopfes sollte man nicht experimentieren. Schwerwiegende Erkrankung müssen zweifelsfrei ausgeschlossen werden, d.h. klinische und labortechnische Untersuchungen sollten erfolgt sein.

Krankheiten im Kopf, speziell die Schmerzen dort, werden von den meisten Menschen als besonders schlimm empfunden. Auf engstem Raum liegen hier die wichtigsten Sinnesorgane und das Gehirn beieinander und vor deren Erkrankung oder Verlust, d.h. Hirnschlag, Blindheit, Taubheit o.ä. fürchtet sich fast jeder. Das gleiche gilt für Entzündungen im Kopfbereich, Schwindel und Nervenleiden.

Schmerz kann man nicht messen oder wirklich mitempfinden. Er ist etwas ganz Individuelles. Jeder erlebt ihn anders. Der eigene Schmerz ist die schlimmste Krankheit, die es im Moment auf der Welt gibt. Er schwächt Widerstand und Willen und verringert die Reaktionen. Er überlagert alle anderen Empfindungen des Körpers und belastet Seele und Nerven gleichermaßen.

Es gibt viele relativ harmlose Ursachen für Kopfschmerzen. Ein grippaler Infekt mit Fieber, überhaupt jede Infektion kann Kopfschmerz auslösen. Das gleiche gilt für Alkoholmißbrauch, Schlafmangel, Überarbeitung und intensiven Lärm. Diese Ursachen brauchen in der Regel nicht mit schmerzlindernden Maßnahmen behandelt zu werden, eine Behandlung durch den Fachmann erübrigt sich.

Stärkere und schwerste Infektionen, die alle mit Kopfschmerzen einhergehen können, müssen ärztlich abgeklärt werden; auf jeden Fall, wenn das Fieber bei Erwachsenen über 39 Grad Celsius steigt. Das gleiche gilt für Bluthochdruck, Entzündungen im Kopfbereich, Erkrankungen der Halswirbelsäule und verschiedene Organkrankheiten, die sich unter anderem mit Schmerz im Kopf äußern und allesamt medizinisch behandlungsbedürftig sind. Eile geboten ist bei Vergiftungen, bei Bluthochdruckkrisen, bei einem akuten Anfall eines grünen Stars und bei verletzungsbedingtem Kopfschmerz. Hier muß ein erfahrener Fachmann behandeln.

Schmerzen im Kopf können mit Tumoren zusammenhängen; sowohl gutartige Geschwülste als auch bösartiger Krebs im Kopf können unerträglichen Schmerz zur Folge haben. In diesen Fällen ist immer eine Entwicklung zu beobachten. Der Schmerz steigert sich langsam, von Monat zu Monat, von Woche zu Woche. Er erreicht schließlich eine Größenordnung, die für normales menschliches Denken unvorstellbar ist. Hier kann nur der rechtzeitige chirurgische Eingriff helfen. Die Neurochirurgen haben in den letzten Jahrzehnten phantastische Erfolge erzielt und Fortschritte gemacht, die vor nicht allzu langer Zeit für sie selbst als unerreichbar galten.

Ein Kopfschmerz muß intensiv klinisch untersucht werden, wenn er
- erstmalig vor kurzem aufgetreten ist,
- immer genau am gleichen Punkt entsteht,
- langsam aber ständig zunimmt und
- unbefriedigend auf Kopfschmerzmittel anspricht.

Wenn die zwei folgenden Punkte zutreffen, können Sie das Therapieschema auf S. 166 probieren:
- trotz intensiver Untersuchungen sind schulmedizinisch keine Ursachen der Symptome nachweisbar,
- der Kopfschmerz besteht seit mindestens drei Monaten, und zwar relativ gleichmäßig, d. h. in dieser Zeit kann er durchaus Schwankungen unterlegen haben, er trat vielleicht periodisch auf, oder nur bei bestimmten Gelegenheiten, aber es ist keine deutliche Verschlimmerung erkennbar.

Pochender Kopfschmerz im Herzrhythmus

Achtung: Besteht dieser Schmerz wirklich schon seit mehr als drei Monaten, ohne seine Intensität zu verstärken? Die Erfahrung zeigt, daß es sich bei diesem Symptom verhältnismäßig oft um ein akutes handelt oder um eines, das in der letzten Zeit zugenommen hat. Meist verursachen geschlossene eitrige Entzündungsherde einen solchen Schmerz, beispielsweise in der Stirnhöhle oder an den Zahnwurzeln im Kiefer. Hier muß sofort mit einem Antibiotikum die Gefahr einer körperweiten Entzündungsvergiftung verhindert werden.

Auch hoher Blutdruck mit Bluthochdruckkrisen macht einen pochenden Kopfschmerz; dabei muß der Kopf nicht unbedingt hochrot sein. Wenn dieser Schmerz länger andauert oder sich wiederholt, ist sofort eine medizinische Kontrolle notwendig!

Beidseitiger gleichmäßiger Schädeldruck

Er kann für Stunden bestehen oder für Tage. Er tritt meist unregelmäßig auf. Eine direkte Ursache ist nicht bekannt; das Wetter könnte eine Rolle spielen, zum Beispiel Föhn oder gewittrige Luft. Ein kühler feuchter Lappen wird als angenehm empfunden. Vielfach hilft auch frische Luft.

Kopfschmerz vor und während der Regel

Die meisten Frauen klagen über Kopfschmerz im Zusammenhang mit der Menstruation. Sowohl die Einnahme als auch das Weglassen der »Pille« kann sich vorteilhaft auswirken.

Migräne

Sie tritt fast immer anfallsweise einseitig auf. Ein beidseitiger Schmerz ist nie eine echte Migräne, auch wenn er noch so stark ist. Migräne geht meist mit Lichtscheu und Geräuschempfindlichkeit einher, Übelkeit und Erbrechen kommen hinzu. Meist kündigt sie sich an. Der Betroffene merkt an speziellen Frühzeichen, daß sie »im Anmarsch ist«. Ein Anfall dauert zwischen einigen Stunden und mehreren Tagen. Er wiederholt sich periodisch oder bei bestimmten Anlässen, im Extremfall mehrfach wöchentlich, manchmal nur einmal monatlich oder seltener.

Migräne spricht nur sehr unzureichend auf die üblichen rezeptfreien Schmerzmittel an. Da häufig Erbrechen mit ihr einhergeht, müssen statt Tabletten rezeptpflichtige, hochdosierte Zäpfchen verwendet werden. Meine Therapievorschläge sind kein Ersatz für die Schmerzmittel. Es geht vor allem darum, allmählich die Abstände zwischen den Attacken zu verlängern und deren Intensität zu verringern.

Neuralgien, stechender Schmerz

Eine Neuralgie ist eine Nervenreizung oder Nervenentzündung. Im Gesicht entsteht sie meist am Trigeminusnerv, der an sechs Stellen durch kleine Löcher im Schädel hindurch in die Gesichtsmuskeln verläuft. An diesen Löchern, meist nur an einem von ihnen, ist der Ursprung der Schmerzen festzustellen.

Zwei dieser Punkte liegen über den Augen in den Augenbrauen, je eines neben der Nase links und rechts etwas oberhalb der Nasenflügel und zwei in der Mitte des Kinns nebeneinander. Meist verschlimmert kalter Luftzug oder Kälte überhaupt den Schmerz.

Leistungsverlust im Kopf

Es darf nicht als Krankheitszeichen bewertet werden, wenn eine Achtzigjährige die Geburtstage ihrer Enkel vergißt. Mit zunehmendem Alter läßt vieles nach. Viele ältere Patienten beklagen sich, wenn sie die Anzeichen nachlassender geistiger Leistungskraft spüren: Sie fühlen sich zu jung, einen einfachen Allerweltsbegriff auf der Zunge zu haben und nicht aussprechen zu können, einen wichtigen Termin zu vergessen oder ein bekanntes Gesicht nicht einordnen zu können. Ganz besonders schlimm empfinden viele das nachlassende Gehör oder die Alterssichtigkeit, während sie sich ein zunehmendes Ruhebedürfnis und längere Erholungsphasen nach Anstrengungen wohlwollend zubilligen.

Im dritten Lebensjahrzehnt beginnt der allmähliche Verfall der Hirnzellen. Trotz gesunder Lebensweise stirbt Tag für Tag eine dreistellige

Therapieschema: Kopfschmerz

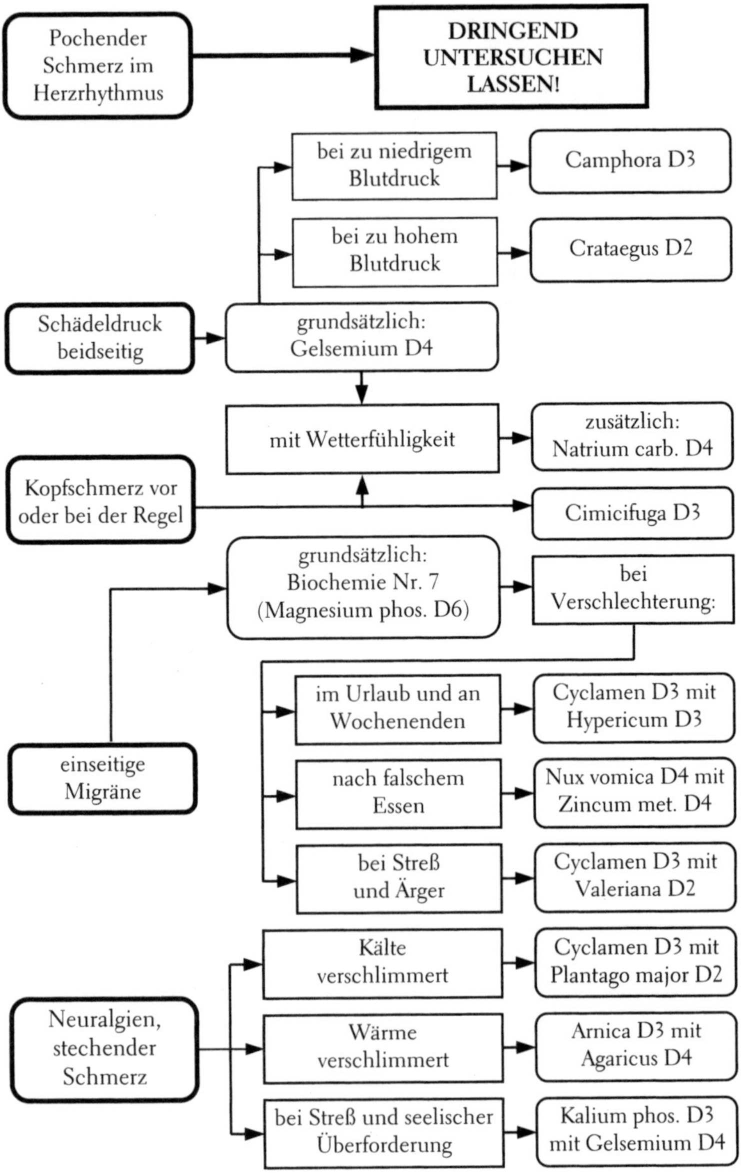

Zahl an Hirnzellen; jede Volltrunkenheit kostet etlichen Tausend das Leben. Da wir die meisten Hirnzellen nicht nutzen, kann der Ausfall über Jahrzehnte von den verbleibenden gesunden Hirnteilen übernommen werden. Irgendwann jedoch kommt der Moment, von dem ab mehr verlorengeht, als der Rest ausgleichen kann.

Durch kein Mittel und auch nicht durch Geld läßt sich das Älterwerden verhindern. Gezielte Maßnahmen auf der Basis der Konstitutionstherapie verbunden mit einer symptomatischen Behandlung lassen aber vieles einfacher, unproblematischer und leichter ertragen. Leistungskraft läßt sich durch regelmäßiges Training fördern und mit sinnvollen therapeutischen Maßnahmen erhalten.

Prüfen Sie Ihren Blutdruck. Vielfach kommt der Kreislauf morgens nicht richtig in Gang. Vielleicht schlafen Sie zu lange? Acht Stunden nächtliche Ruhephase reichen in der Regel. Viele, besonders ältere Menschen kommen auf Dauer mit weniger Schlaf aus. Langes Liegen macht müde und abgeschlagen, und der Kreislauf kommt sehr langsam in Schwung.

Das kann auch passieren, wenn Sie blutdrucksenkende Medikamente unkontrolliert über Jahre eingenommen haben. Nicht jeder ältere Mensch fühlt sich mit dem »idealen« Blutdruck von 140 zu 80 mmHg auch tatsächlich wohl, sondern häufig erst bei höheren Werten. Vor 30 Jahren galt der obere Druck als gut, wenn er nicht über 100 plus Lebensalter und der untere unter 100 lag. Nach meiner Erfahrung fühlt sich der Mensch bei diesen Druckverhältnissen auch heute noch am besten.

Haarprobleme

Allgemeiner Haarausfall

Die meisten Männer in der zweiten Lebenshälfte finden sich mit dem allmählichen Ausfall der Haare mehr oder weniger ab. Jüngeren Männer, vor allem aber auch Frauen, denen die Haare ausfallen, leiden sehr darunter. Ein Allheilmittel gibt es nicht.

Therapieschema: Leistungsverlust im Kopf

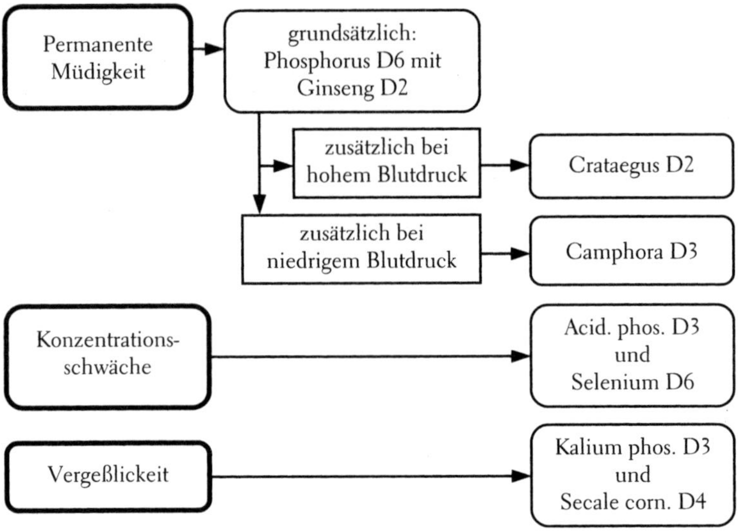

Kreisrunder Haarausfall

Allgemeine medizinische Untersuchungsmethoden bringen selten brauchbare Hinweise. Naturheilkundlich gilt dieses Symptom als Folge einer Schwermetallvergiftung. Der berufliche Umgang mit heißen Metallen oder chemischen Metallverbindungen fördert die Entstehung. Besonders empfindliche Menschen reagieren schon auf die Verdunstung von Farben und Werkstoffen für Möbel und Einrichtung im Haushalt. Auf jeden Fall sollten Sie den Kontakt mit den auslösenden Faktoren vermeiden.

Störrisches Haar

Die Haare können ihre Struktur nachhaltig verändern. Plötzlich hält keine Dauerwelle mehr. Das einzelne Haar wird dünn, störrisch und läßt sich kaum noch frisieren. Lassen Sie die Hormonwerte Ihrer Schilddrüse bestimmen. Selbst wenn die Werte im »normalen« Bereich liegen, kann eine leicht nervös reagierende Schilddrüse das Frisurverhalten ändern.

Therapieschema: Haarprobleme

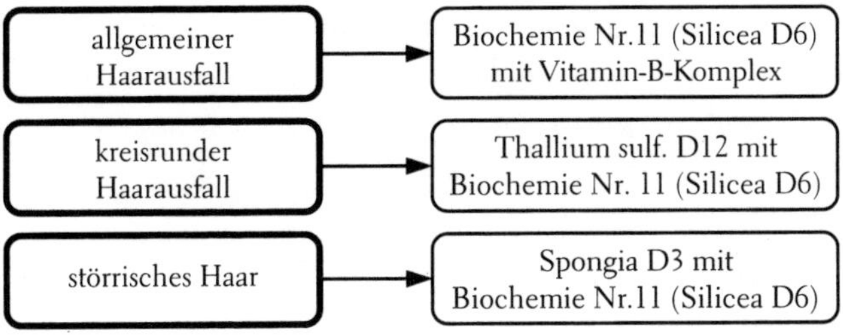

Meist gibt es noch andere unauffällige Hinweise für eine Schilddrüsenempfindlichkeit. Dazu gehören deutliche Gewichtsveränderungen, Herzunruhe mit anfallsweisem Herzjagen, verändertes Schwitzen, unruhiger Schlaf, vermehrte eigenartige Träume, ein Kloß-im-Hals-Gefühl. Wenn zumindest irgendeines dieser Symptome gleichzeitig mit der Veränderung der Haare entstanden ist, wird eine hormonfreie biologische Behandlung der Schilddrüse helfen.

Augenleiden

Jedes akute Symptom muß dem Augenarzt vorgeführt werden! Eitrige Entzündungen oder der grüne Star, plötzlicher Sehverlust und akute Schmerzen im Auge sollten nicht ausschließlich homöopathisch behandelt werden.

Schmerz in und an den Augen

Bei einem Fremdkörpergefühl im Auge muß erst einmal ausgeschlossen werden, daß sich tatsächlich kein Fremdkörper im Auge befindet. In zu trockenen Augen können Sie dann den Reiz mit künstlicher Tränenflüssigkeit lindern.

Schmerz hinter dem Auge entsteht in vielen Fällen als Begleiterscheinung eines Migräneanfalls; dann quält er nur einseitig, genau wie die Migräne selbst.

Chronisch wiederkehrender Schmerz über dem Auge wird mit großer Wahrscheinlichkeit durch eine Reizung des Trigeminusnervs ausgelöst. Zwei der sechs Austrittslöcher dieses Hirnnervs liegen in den Augenbrauen, ungefähr eine Daumenbreite neben der Nasenwurzel. An diesen Löchern, meist nur an einem von ihnen, ist der Ursprung der Schmerzen zu finden. Diese Punkte sind häufig auch zwischen den Schmerzattacken druckempfindlich.

Leistungsverlust der Augen

Eine Brille läßt sich weder homöopathisch noch sonstwie ersetzen. Allenfalls die beginnende Alters(weit)sichtigkeit kann für eine begrenzte Zeit durch ein Training der Augen ausgeglichen werden.

Bakterielle Entzündungen

Eiterbildende Entzündungen der Hornhaut müssen mit Penizillinen behandelt werden.

Gerstenkörner sind kleine Abszesse der Liddrüsen. Wenn sie rechtzeitig und intensiv homöopathisch behandelt werden, können diese eitrigen Entzündungen ohne Penizillinsalben zum Verschwinden gebracht werden. Bitte aufmerksam die Entwicklung beobachten: Eine Verschlimmerung oder sich daraus entwickelnde eitrige Bindehautentzündung erfordert Antibiotika.

Nichtinfektiöse Entzündungen

Alle Fremdkörper in den Augen verursachen eine entzündliche Reizung, die meist nach deren Entfernung schnell verschwindet.

Sehr häufig sind allergische Reizungen der Bindehaut bei allgemeiner allergischer Disposition oder als Begleitsymptom beim Heuschnupfen. Mit der homöopathischen Therapie lassen sich die lästigen »Triefaugen« gut beruhigen.

Therapieschema: Augenleiden

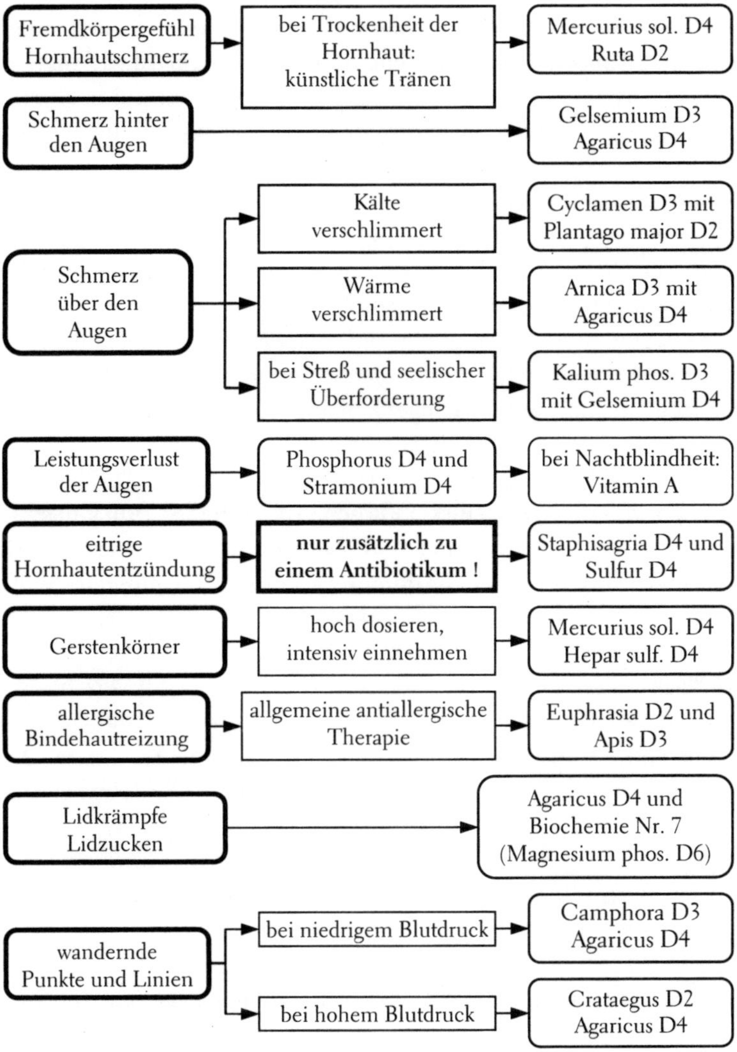

Lidkrämpfe, Lidzucken

Diese phasenweise störenden Symptome können jeden Gesichtsmuskel befallen, sind aber bei den Augenlidern besonders häufig anzutreffen.

Wandernde Punkte, Blitze oder Streifen

Die Formen der Punkte oder Striche, die man gelegentlich durch das Auge »wandern« sieht, sind individuell sehr unterschiedlich. Wenn sie immer an der gleichen Stelle liegen und allen Augenbewegungen folgen, sollte eine augenärztliche Untersuchung erfolgen.

Mein Therapievorschlag gilt für die veränderlichen Punkte oder Figuren, die durchs Auge schwimmen, sich vermehren können und auch wieder verschwinden, um bei Gelegenheit an anderen Stellen erneut aufzutauchen.

Meist verbirgt sich dahinter ein Kreislauf- oder Blutdruckproblem, deshalb zuerst den Blutdruck messen lassen. Ein zu hoher Druck macht silbrig helle, recht schnelle, manchmal blitzende Zeichen, ein zu niedriger eher dunkle, langsam und träge durchs Augenbild schwimmende Stellen.

Ohrenleiden

Schmerzen im Ohr sind fast immer Zeichen einer akuten Entwicklung, die sofort ärztlich behandelt werden muß. Es können alle Teile der Ohren und der Ohrspeicheldrüse betroffen sein.

Ohrgeräusche gelten als sehr schwer zu behandeln. Grundsätzlich beginnt die Behandlung mit durchblutungsfördernden Medikamenten; je nach Fachrichtung des Therapeuten können das chemische oder biologische sein. Innerhalb eines Monats müßte eine erkennbare Verbesserung eintreten. Sollte das nicht der Fall sein, so probieren Sie bitte die folgenden Empfehlungen aus.

Im Gehörgang, an den Ohrmuscheln oder hinter ihnen in der Falte zur Kopfhaut können sich harmlose trockene oder nässende Ausschläge bilden, die langfristig jucken und stören. Eventuell sind ähnliche Hautreaktionen an anderen Körperteilen zu finden. Die Ursache kann in einer an-

Therapieschema: Ohrenleiden

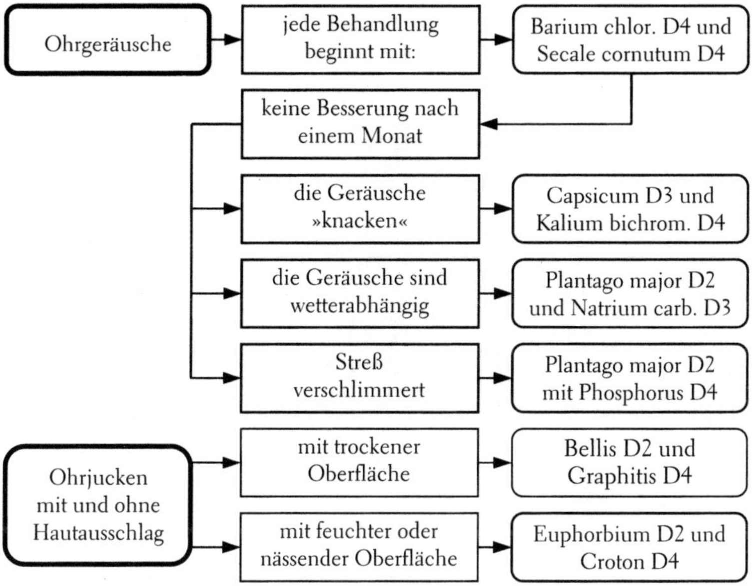

geborenen oder erworbenen Belastung des Stoffwechsels liegen. Eine Entlastung und Reinigung muß auf jeden Fall langfristig mit den jeweiligen Hauptmitteln der Konstitution erfolgen.

Nasenprobleme

Ein geflügeltes Wort sagt, daß nur eine einzige Entzündung der Nasennebenhöhlen (dazu gehören je zwei Stirn-, Siebbein-, Keilbein- und Kieferhöhlen) heilbar ist: die erste! Jeder Rückfall verursacht chronische Entzündungen. Deshalb muß jede allererste Vereiterung gründlichst auskuriert werden, egal welche der Höhlen betroffen ist.

Die Basis einer guten Behandlung ist, das eitrige Sekret aus dem Körper zu leiten: Verklebte Zugänge zu den Höhlen müssen geöffnet und der Ausfluß des Eiters gefördert werden. Deshalb halte ich eine Bestrahlung mit

Therapieschema: Nasenprobleme

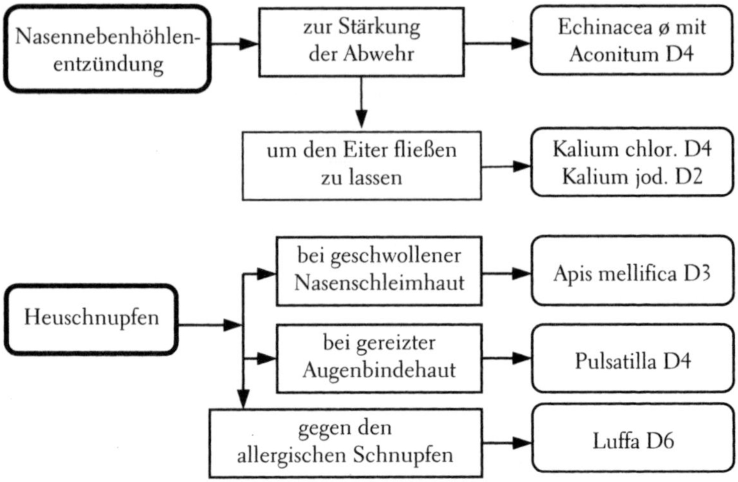

Rotlicht für absolut falsch; es wird nur scheinbar eine Besserung erzielt: Der Eiter wird dick und so zähflüssig, daß er nicht mehr abfließen kann. Zwar öffnen sich Nebenhöhlen und Nasengänge, aber der dicke, entzündliche, giftige Eiter bleibt im Körper. Eine sinnvolle Behandlung macht den Schleim dünnflüssiger, daß er den Körper verlassen kann, auch wenn dadurch die Nase nicht sofort wieder frei wird. Nur mit total sauberen Nebenhöhlen kann die Entzündung ausheilen. Eine möglichst feuchte Umgebungsluft, eventuell zusätzliche Inhalationen mit Salzwasser oder ganz mildem Kamillengemisch unterstützen die Verflüssigung.

Sehr häufig entsteht bei allgemeiner allergischer Veranlagung Heuschnupfen. Diese allergische Reizung der Nasenschleimhaut tritt saisonal zwischen März und September besonders gehäuft auf. Je nachdem, welche Blüten oder Pollen ihn verursachen, können in bestimmten Phasen besonders heftige Reaktionen erfolgen.

Das auslösende Allergen kann wechseln; deshalb führt die jahrelange Desensibilisierung mit Spritzen häufig nur zu unbefriedigenden Erfolgen. Auch die Homöopathen haben für diese allergischen Krankheiten noch nicht den »Stein der Weisen« gefunden. Die bekannten Therapien können sicherlich manchem helfen; viele Allergiker erfahren zumindest eine Linderung.

Neuralgische Schmerzen treten im allgemeinen nicht in, sondern neben der Nase auf. Mit großer Wahrscheinlichkeit wird dieser chronisch wiederkehrende Schmerz durch eine Reizung des Trigeminusnervs ausgelöst. Zwei der sechs Austrittslöcher dieses Nervs liegen unmittelbar neben den Nasenflügeln. An diesen druckempfindlichen Löchern, meist nur an einem von ihnen, ist der Ursprung der Schmerzen zu finden.

Mund, Zahn- und Kieferprobleme

Lippenbläschen

Diese banalen ungefährlichen Herpesbläschen an den Lippen verbreiten sich immer weiter. Die Behandlung von außen kann mit den verschiedenen Antivirensalben oder mit Vitamin-B12-Tropfen erfolgen. Damit verschwindet die Hautreaktion, aber nicht der Virus. Wenn der einmal in den Körper eingedrungen ist, bleibt er darin.

Es gilt deshalb, die Abwehrsysteme des Körpers so zu steigern, daß der Organismus ständig wiederkehrende Entzündungen durch das Herpesvirus unterdrücken kann.

Mundschleimhautbläschen

Für diese schmerzhaften weißlichen, manchmal roten Stellen (kein Eiter!) auf der Mundschleimhaut läßt sich meist keine organische Ursache finden. Vielfach verschlimmern seelische Belastung oder Streß die Situation. Die Bläschen kommen und gehen; aber sie bleiben selten über einen längeren Zeitraum an derselben Stelle. Salben können kaum helfen, weil sie nicht lange auf der Schleimhaut haften. In besonders schweren Fällen wird Kortison eingesetzt.

Therapieschema: Mund-, Zahn- und Kieferprobleme

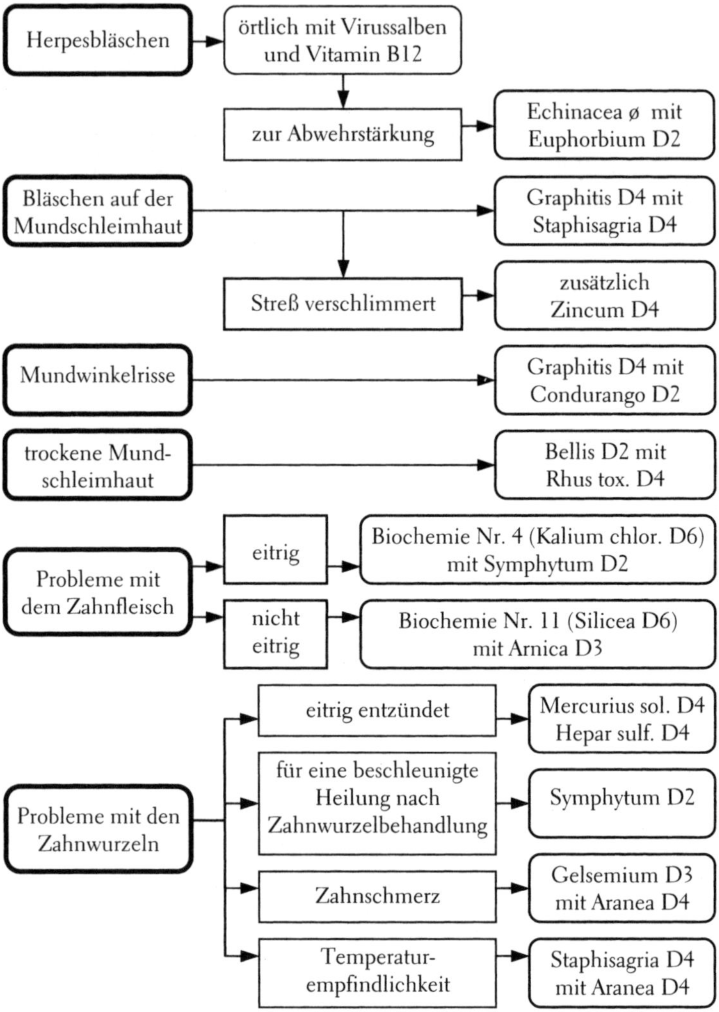

Trockene Mundschleimhaut

In den meisten Fällen ist ein ständig trockener Mund eine Nebenwirkung langfristig eingenommener Medikamente; besonders die Psychopharmaka sind dafür bekannt. Prüfen Sie alle Beipackzettel, ob in ihnen auf die Möglichkeit einer trockenen Mundschleimhaut hingewiesen wird.

Auch manche organische Krankheit, wie zum Beispiel der Diabetes, kann die Mundschleimhaut austrocknen.

Zahnfleischprobleme

Mit Zahnfleischproblemen gehen häufig Zahnkrankheiten einher. Das Gewebe kann sich sowohl eitrig in der Tiefe entzünden als auch ohne Entzündung degenerieren, d.h. sich zurückbilden. Eine frühzeitige homöopathische Behandlung kann viel Geld sparen und Ihre Zähne länger erhalten. Ein erstes Schwächezeichen des Zahnfleischs ist dessen Blutungsneigung, die besonders beim Zähneputzen oder beim Apfelessen auffällt.

Zungenbrennen

Zungenbrennen kann die Folge einer Stoffwechselbelastung von Leber oder Bauchspeicheldrüse sein. Diese Organe sollten auf ihre einwandfreie Funktion untersucht werden.

Zahnschmerz allgemein

Kaum ein Schmerz quält so sehr wie der in den Zähnen. Verschiedene Ursachen können heftigste Schmerzen auslösen. Allen voran steht der akute Schmerz bei einer geschlossenen Entzündung im Wurzelgebiet. Dort kann der sich bildende Eiter nicht abfließen und drückt auf den Zahnnerv. Der Schmerz wächst mit der Eitermenge und dem Druck. Ab einem gewissen Punkt kann die Entzündung nur noch mit Antibiotika abklingen. Noch etwas später muß der Kiefer geöffnet werden, um den Druck abzubauen. Der Schmerz klingt dann spontan ab.

Neuralgien im Zahn-Kiefer-Gebiet

Im Gesicht entstehen Neuralgien meist am Trigeminusnerv. Zwei seiner Austrittspunkte liegen in der Mitte des Kinns nebeneinander, zwei direkt neben den Nasenflügeln.

Starke Entzündungen der Zähne oder der Zahnwurzeln bzw. deren operative Behandlung können den Trigeminusnerv reizen. Meist reagiert der dem Ort des Geschehens nächst gelegene Nervenast; d.h. die neben der Nase gelegenen Punkte bei Oberkieferproblemen, die auf dem Kinn bei Entzündungen im Unterkiefer. Dabei beschränken sich die Schmerzen nicht auf den Ursprungspunkt, sondern breiten sich über ein ganzes Gesichts- oder Kiefer-Areal aus.

Temperaturempfindlichkeit

Nach vielen zahnärztlichen Maßnahmen sind die Zähne temperaturempfindlich, z.B. bei Brücken, Kronen, Inlays und Füllungen. Die Wärme-Kälte-Reaktion verschwindet meist innerhalb von ein bis zwei Wochen. Der Zahnarzt kann in vielen Fällen mit Myrrhetinktur und einem örtlichen Betäubungsmittel helfen.

Halsprobleme

Infektionen der Mandeln

Chronisch wiederkehrende Mandelentzündungen können der Herd für schwerwiegende Folgeerkrankungen an Herz, Nieren und Gelenken sein. Deshalb muß jeder Infekt gründlich auskuriert werden – in schweren Fällen mit einem Antibiotikum.

Mein Therapievorschlag ist kein Ersatz, sondern eine sinnvolle Zusatzbehandlung, um Folgeschäden auszuschließen. Der Entzündungsherd soll eingedämmt und das lymphatische Gewebe der Mandeln entgiftet werden.

Therapieschema: Symptome im Halsbereich

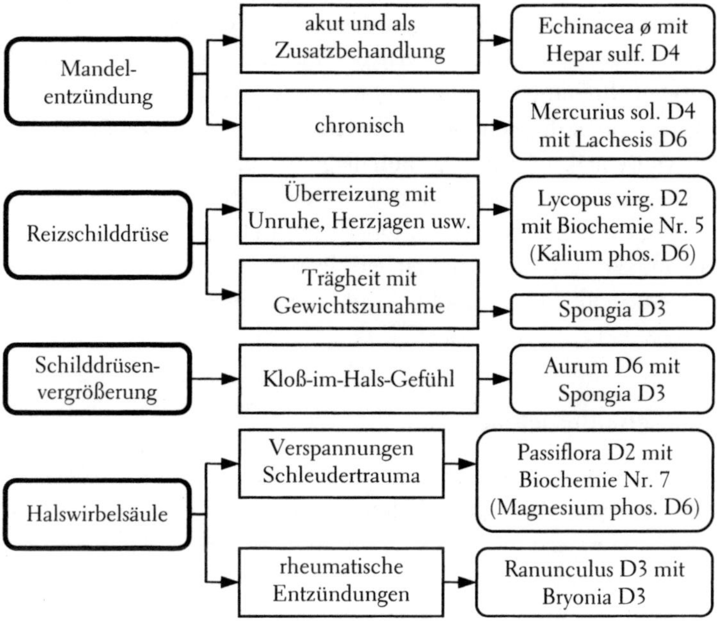

Stimmbandentzündungen

Jede Stimmbandentzündung, jede Heiserkeit, die länger als zwei Wochen dauert, muß ärztlich untersucht und gegebenenfalls behandelt werden.

Reizschilddrüse und Schilddrüsenvergrößerung

Relativ viele Menschen leiden an einer gutartigen Vergrößerung der Schilddrüse (ohne hormonelle Fehlregulation), die generell fachärztlich abgeklärt werden sollte. Werden keine operationsbedürftigen Knoten oder hormonellen Fehlproduktionen festgestellt, bleibt viel Spielraum für eine homöopathische Behandlung.

Der leicht verdickte Hals stört in der Regel selten, nur bei Aufregung etwa oder Streß verursacht er ein Kloßgefühl. Aber es gibt eine Fülle von

Symptomen, die ihre Ursache in einer empfindlich reagierenden Schilddrüse finden. Dazu gehören deutliche Gewichtsveränderungen, Herzunruhe mit anfallsweisem Herzjagen oder auch verändertes Schwitzen, unruhiger Schlaf, vermehrte eigenartige Träume und dünnes, störrisches Haar. Bei Auftreten eines dieser Symptome wird die hormonfreie biologische Behandlung der Schilddrüse helfen.

Auf homöopathischem Weg kann die gereizte, nervöse Drüse zur ausgeglichenen Hormonproduktion geführt bzw. eine hormonell ausgeglichene, aber vergrößerte Schilddrüse zurückgebildet werden. Mit einem Bandmaß läßt sich über Wochen verfolgen, wie weit der Hals abschwillt. Jodüberempfindliche Menschen sollten mit diesen Mitteln vorsichtig sein.

Halswirbelsäulenschmerz

Eine Reihe verschiedener Ursachen können Schmerzen im Halswirbelbereich auslösen: das Schleudertrauma als Unfallfolge, in den meisten Fällen Muskelverspannungen oder rheumatische Veränderungen der Gelenke der Halswirbel. Dabei kann eine verkrampfte Muskulatur die Wirbelkörper so aus ihrer normalen Position drängen, daß sie mit chiropraktischen Manipulationen wieder zurückgesetzt werden müssen.

Verspannungen oder Verhärtungen der Muskulatur resultieren aus Haltungsfehlern, Dauerstreß oder seelischen Verkrampfungen. In den meisten Fällen sollte eine physikalische Grundbehandlung erfolgen mit Massagen, Packungen oder auch chiropraktischen Anwendungen. Homöopathische Mittel haben sich als begleitende Medikamente bewährt.

Rheumatische Ursachen lassen sich zwar lindern, aber nicht heilen. Der Organismus kann dabei gegenüber den auslösenden Faktoren gestärkt und die Schmerzintensität verringert werden.

Symptome in der Brust

Die Alarmzeichen der beiden wichtigsten und größten Organe in der Brust werden von den meisten Menschen sehr unterschiedlich bewertet.

Die Symptome der Lunge nehmen viele gar nicht richtig ernst. Husten, Auswurf und Kurzatmigkeit werden häufig klaglos, fast als etwas Selbstverständliches hingenommen. Diese Zeichen schmerzen nicht und belasten anfangs kaum, deshalb empfinden sie die meisten Menschen zwar als unangenehm, sehen aber keinen Grund, den Ursachen nachzuspüren und diese zu beseitigen. Der Betroffene lernt, mit diesen Einschränkungen zu leben.

Typisch dafür ist das Verhalten eines Asthmatikers, der sich im Anfall todgeweiht fühlt und jedes, auch das schwerste Medikament akzeptiert, das im Moment hilft. Zwischen den Anfällen fühlt er sich bezüglich seiner Lunge topgesund und sieht überhaupt keinen Anlaß, jetzt eine Behandlung durchführen zu müssen. Er weigert sich einzusehen, daß die Kurzatmigkeit das Symptom einer schweren chronischen Erkrankung ist, die auch zwischen den Anfällen in seinem Körper arbeitet.

Ganz anders reagieren die Menschen bei Herzsymptomen. Schon die vage Möglichkeit eines Alarmzeichens vom Herzen wird von den meisten als drohendes Todesurteil gewertet. Das liegt zum Teil daran, daß die sogenannten Risikofaktoren inzwischen aufgrund vieler Aufklärungskampagnen Allgemeinwissen sind, und viele Menschen leben mit dem Bewußtsein und dem schlechtem Gewissen, durch ihre Lebensführung das Herz stark zu belasten. Zum anderen besitzt der Herzmuskel das beste Frühwarnsystem des Körpers. Schon der geringste Sauerstoffmangel in seinem Muskelgewebe verursacht heftige Schmerzen in der Brust und damit oft genug Todesängste, lange bevor eine akute Gefahr für den Muskel besteht.

Das gleiche gilt für Rhythmusstörungen im Herzschlag. Anfallsweises Herzjagen und gelegentliches Stolpern werden von den Betroffenen ebenfalls mit großer Sorge registriert.

Lunge und Herz sprechen beide sehr gut auf homöopathische Behandlungen an. Man muß nur früh genug beginnen. Die Entwicklung irreparabler Schäden an der Lunge läßt sich damit weitgehend vermeiden; die Herzsymptomatik kann für Jahre verschwinden.

Therapieschema: Herzsymptome

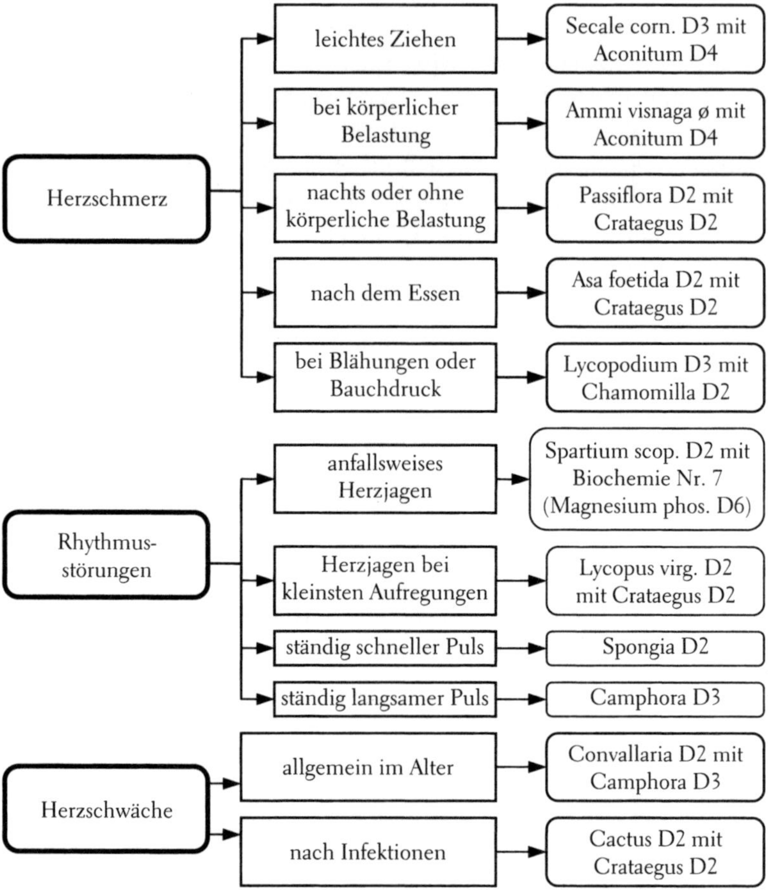

Herzsymptome

Herzschmerzen haben verschiedene Ursachen und können schon in der Jugend auftreten, z. B. als heftige Seitenstiche nach langem Laufen. Dies ist genausowenig Zeichen einer drohenden Erkrankung wie der durch reichhaltige Mahlzeiten oder Blähungen verursachte Herzdruck.

Für die Behandlung ist wichtig zu wissen, ob eine Verschlimmerung ausschließlich bei Belastung oder auch nachts während der Ruhephasen entsteht. Der Ort der Schmerzen hat auf die Therapie keinen Einfluß, ganz gleich, ob sie hinter dem Brustbein auftreten, nur an der Herzspitze oder in die linke Schulter strahlen. Bei leichteren oder mittelschweren Beschwerden hilft im allgemeinen ein biologisches Medikament. Wenn bei höchstzulässiger Dosierung die Schmerzen nicht verschwinden, müssen die stärkeren allopathischen Medikamente eingenommen werden.

Herzrhythmusstörungen müssen fachärztlich untersucht werden, wenn sie anfallsweise oder immer mal wieder auftreten. Die Gründe für diese Symptome liegen vielfach nicht am Herzen. Mehrere Organe können anfallsweises Herzjagen oder -stolpern als frühes Alarmsignal verursachen, lange bevor krankhafte Werte ermittelt werden können.

Lungen- und Bronchialsymptome

Das häufigste aller Symptome des Körpers ist das Husten. Jeder Reiz, ganz gleich ob von außen als Staub, Qualm, Geruch oder Gas, von innen durch Druck anderer Organe, Eiter und Schleim oder von der Seele und dem Nervensystem, kann als Reaktion Husten auslösen. Zum Teil läßt sich dieses Alarmzeichen durch den Willen und Konzentration beeinflussen. Weil alle Menschen hin und wieder husten, wird dieses Belastungszeichen häufig nicht ernst genommen, zumal höchst selten Schmerz damit verbunden ist.

Das Alarmsignal Luftnot empfinden viele als weitaus ernster. Solange nur eine körperliche Überlastung dahintersteckt, wird die Kurzatmigkeit akzeptiert. Da sich mit dem Alter die Belastungsgrenze verschiebt, kann leicht übersehen werden, wenn die altersbedingte Leistungsminderung von einer sich langsam entwickelnden krankhaften Belastung überlagert wird und zu verstärkten Atemproblemen führt.

In dem Moment, in dem ein Betroffener das Gefühl hat, nicht mehr ausreichend Luft zum Leben zu bekommen, breitet sich Panik in ihm aus. Die damit verbundene totale Verkrampfung und die Angst zu ersticken verstärken die Luftnot weiter. Meistens verschlimmern sich solche Situationen, langsam von Jahr zu Jahr, teilweise mit Hunderten solcher Anfälle. Die Be-

Therapieschema: Lungen- und Bronchialsymptome

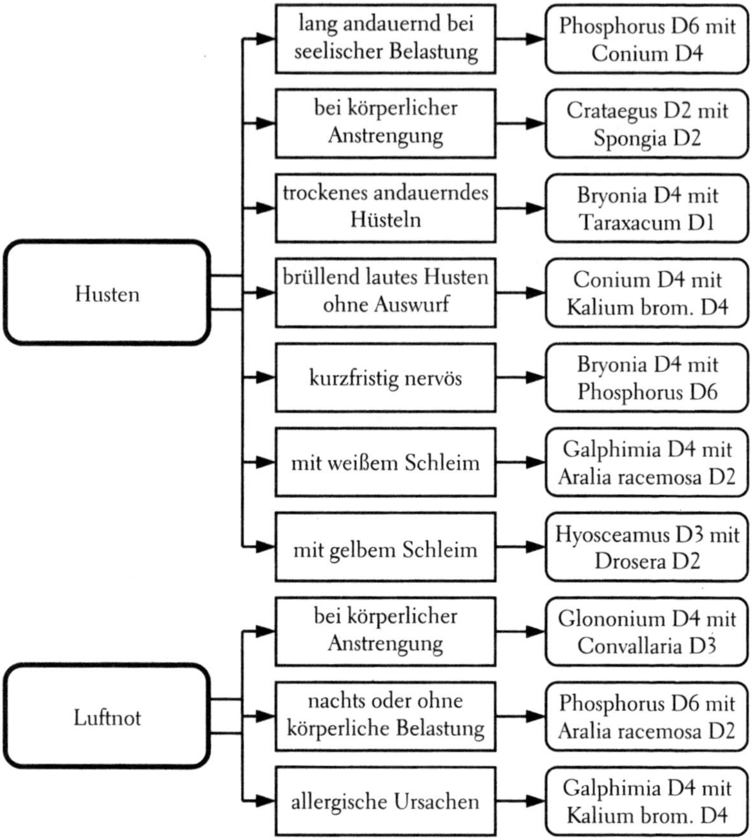

troffenen lernen, mit diesen asthmatischen Anfällen zu leben und sie mit Hilfe moderner, sekundenschnell wirkender Medikamente zu überleben.

Die Ursachen dieser Luftnot sind vielschichtig. Eine allergische Veranlagung verbindet sich immer mit seelischen Faktoren. Die auslösenden Allergene können mit der Atmung durch die Luft in den Körper gelangen, aber genausogut mit den Mahlzeiten oder durch Berührung in die Haut. Die seelischen Auslöser liegen meist im Unterbewußtsein, wo sie über Jahre nagen, schleichend wachsen, um schließlich am Ort des geringsten

Widerstandes organischen Schaden anzurichten. Gerade beim Asthma spielen diese Zusammenhänge eine besonders wichtige Rolle.

Asthmatiker sind meiner Erfahrung nach sehr schwer zu überzeugen, daß nur tiefgreifende Änderungen ihrer Lebensgewohnheiten und eine lang andauernde intensive biologische Therapie eine negative Entwicklung umkehren können. Die Verbindung der augendiagnostischen Konstitutionstherapie mit der symptomatischen Behandlung bietet für Asthmatiker besonders gute Heilungschancen.

Schmerzen an den Rippen

Schmerzen zwischen den Rippen oder unter der Haut der Brust treten meist als Folge einer Vorerkrankung auf. Manchmal wächst diese Pein erst richtig, wenn die Grundkrankheit abgeheilt ist. Durch äußere Faktoren wie Wärme, Berührung oder andere Reize können die Schmerzen unerträglich werden. Sie strahlen selten in die Tiefe des Körpers, sondern verbreiten sich meist oberflächlich.

Rheumatisch belastete Gelenke der Rippen, des Schultergürtels oder der Wirbelsäule kommen als Ursache dieser Schmerzen in Betracht. Als Folgeerscheinung von Rheuma sind die Beschwerden meist wetterabhängig und bessern sich bei Wärme, Fangopackungen oder Rotlichtbestrahlungen. Ganz ähnlich reagiert ein nach Verletzungen verbleibender Schmerz.

Der wohl stärkste und leider auch lang andauernde Schmerz an den Rippen tritt als Folge nach einer Gürtelrose auf. Die Nerven werden dabei durch narbige Veränderungen in der Haut ständig gereizt.

Letztlich können auch heftige Hustenanfälle oder schlecht ausgeheilte Rippenfellentzündungen Ursache dieser Schmerzen sein.

Therapieschema: Schmerzen an den Rippen

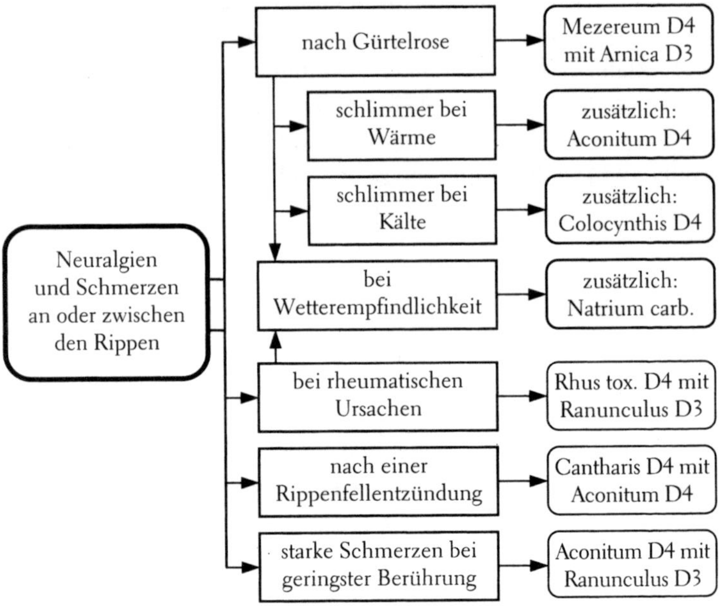

Symptome im Bauch

Sehr viele Menschen aller Altersgruppen leiden an unklaren Symptomen zwischen Brustbein und Schambein, die sich klinisch nicht eindeutig einem Organ zuordnen lassen. Häufig werden alle Organe des Bauchraums, alle Abschnitte des Verdauungstrakts und auch das Blut mehrfach untersucht, ohne daß ernsthafte Krankheiten zu finden sind.

Fast alle langfristig belastenden Symptome im Oberbauch entstehen durch falsche oder einseitige Ernährung. Im allgemeinen sind nicht die gelegentlichen Sünden die Ursache, sondern die kleinen, alltäglichen, die nicht offensichtlich schaden. Ein ständiges Zuviel, Zugut oder Zuspät belasten das Verdauungssystem genauso wie der unkontrollierte Genuß von Cola, Kaffee, Fritten, Pizza, Schokolade oder Alkohol. Ärger, Streß und ständiger Nervendruck können die Beschwerden erheblich verstärken.

Die Regenerationskraft von Magen, Leber und Darm ist glücklicherweise so groß, daß sie über lange Zeiträume hinweg selbst kontinuierliche Schädigungen durch falsche Ernährung weitgehend ausgleichen können, ohne ernsthaft zu erkranken. Aber diese ständige Belastung hinterläßt Spuren; die malträtierten Organe signalisieren Ruhebedürfnis. Obwohl diese Zeichen erhebliche Beschwerden verursachen, werden sie häufig nicht ernst genug genommen und nach ihrem Abklingen zu schnell vergessen.

Auf der Suche nach möglichen Ursachen dieser Symptome wurden in den letzten Jahren mehrere »Schuldige« gefunden: ein Bakterium und ein Pilz. Naturheilkundlich betrachtet können sich die Magenbakterien (Helicobacter pylori) und der Darmpilz (Candida albicans) nur einnisten, wenn das gesunde Milieu dieser Organe bereits entgleist ist. Diese Erreger sind im eigentlichen Sinne nicht der Grund, sondern die Folge einer Erkrankung. Die Schulmediziner sehen das genau andersherum.

Für fast alle Reizsymptome der Verdauungsorgane ist das Fasten die beste Medizin. Homöopathische Medikamente können nur helfen, wenn die Ernährung zumindest so weit umgestellt wird, daß sie den Organismus nicht mehr belastet und den Organen Zeit zur Regeneration verbleibt.

Akute Krankheitszeichen im Bauchraum, z. B. hochgradiger Schmerz, bretttharte Bauchdecke, blutiges Erbrechen oder wehenartige Koliken müssen umgehend fachärztlich untersucht und mit schnell wirkenden Medikamenten behandelt werden. Die allermeisten biologischen Präparate wirken in dieser Situation nicht schnell oder intensiv genug.

Bauchschmerz

Schmerzen unter dem rechten Rippenbogen sind in der Regel der Galle, die unter dem linken Rippenbogen sind der Bauchspeicheldrüse oder dem Dickdarm zuzuordnen.

Die Gallenblase und die Gallengänge können auf vielfältige Art gereizt werden und mit Schmerz reagieren. Dazu reichen bei entsprechender Veranlagung Streß und Ärger oder eine derbe, fettige Kost mit scharf Gebratenem oder Geräuchertem. Die Galle reagiert schnell, eindeutig und heftig. Der Betroffene spürt genau, was ihm geschadet hat. Erbrechen verschafft Erleichterung.

Therapieschema: Schmerzen im Bauchraum

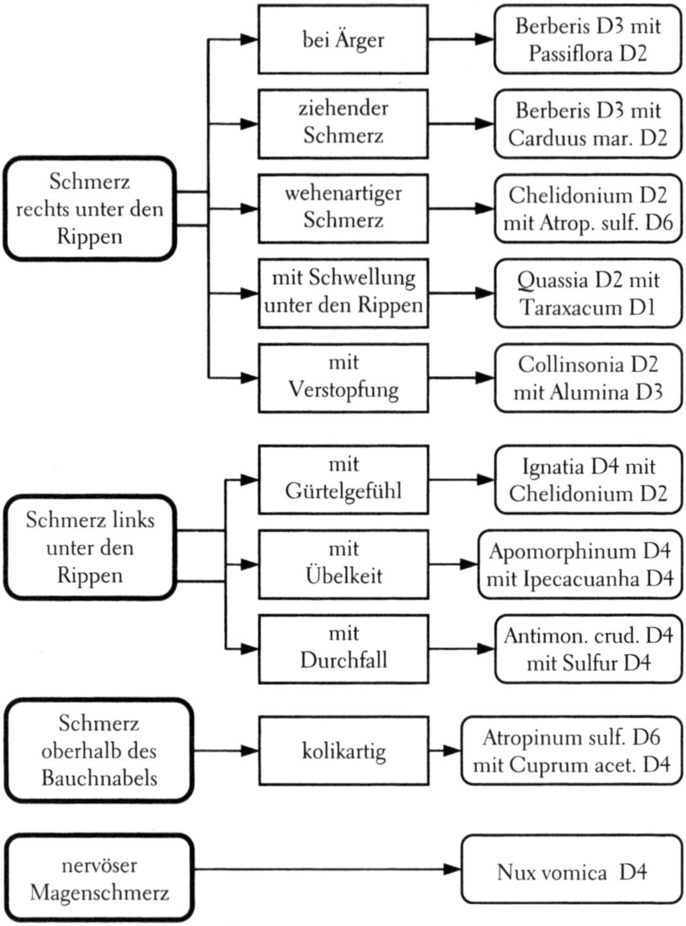

Meist wird der Stuhl erst fest und zu trocken. Durch weitere Reizung können heftige dunkelbraune, wäßrige Durchfälle entstehen, die von vielen Blähungen begleitet werden. Diese Winde sind meist laut, aber relativ geruchsneutral. Die Beschwerden wachsen analog zur Intensität der Belastung, also je mehr und häufiger gesündigt wird.

Ganz anders bei den Reizsymptomen der Bauchspeicheldrüse. Die Beschwerden kommen nicht sofort, sondern erst Stunden nach dem »Sündenfall«. Besonders intensiv reizen Schokolade, Süßigkeiten und Kuchen, aber auch bestimmte Konservierungsmittel, das Eiweiß von zu frischem Fisch, zu viel Rohkost oder verdorbenes Essen.

Der Betroffene spürt meist nicht genau, was ihm geschadet hat. Das liegt zum einen daran, daß die Beschwerden nicht unmittelbar nach falschem Essen entstehen. Zum anderen schmerzt die Bauchspeicheldrüse nicht selbst. Sie produziert lediglich mehr und »schärfere« Verdauungssäfte, die an anderer Stelle heftige Schmerzen verursachen können. Im Darm entstehen dabei Gase, die entweder nach oben entweichen und dabei Sodbrennen und Aufstoßen verursachen oder die sich im Darm sammeln und dort schmerzhaften Druck auf andere Organe, wie z. B. das Herz, ausüben. Die entweichenden Blähungen sind meist leise, aber übelriechend.

Der chronische Schmerz im Magen hat fast immer nervöse Ursachen. Lang andauernde psychische Belastung und Genußmittelmißbrauch erzeugen erst Sodbrennen, später unter Umständen Geschwüre.

Unspezifische Symptome im Bauch

Nicht immer reagieren die Organe des Bauchraums auf permanenten Reiz mit Schmerz. Ein überlastetes Verdauungssystem kann eine Fülle unangenehmer Begleiterscheinungen hervorbringen: Plätschern, Aufstoßen, Blähungen, Sodbrennen, Völlegefühl, Übelkeit, Verkrampfungen und Erbrechen zählen zu den typischen Beschwerden bei einem nicht mehr einwandfrei intakten, aber noch nicht richtig kranken Magen-Darm-System und seinen Anhangsorganen.

Eine ausschließlich symptombezogene Behandlung ohne Ernährungsumstellung kann auf Dauer nicht helfen.

Therapieschema: Unspezifische Symptome im Bauch

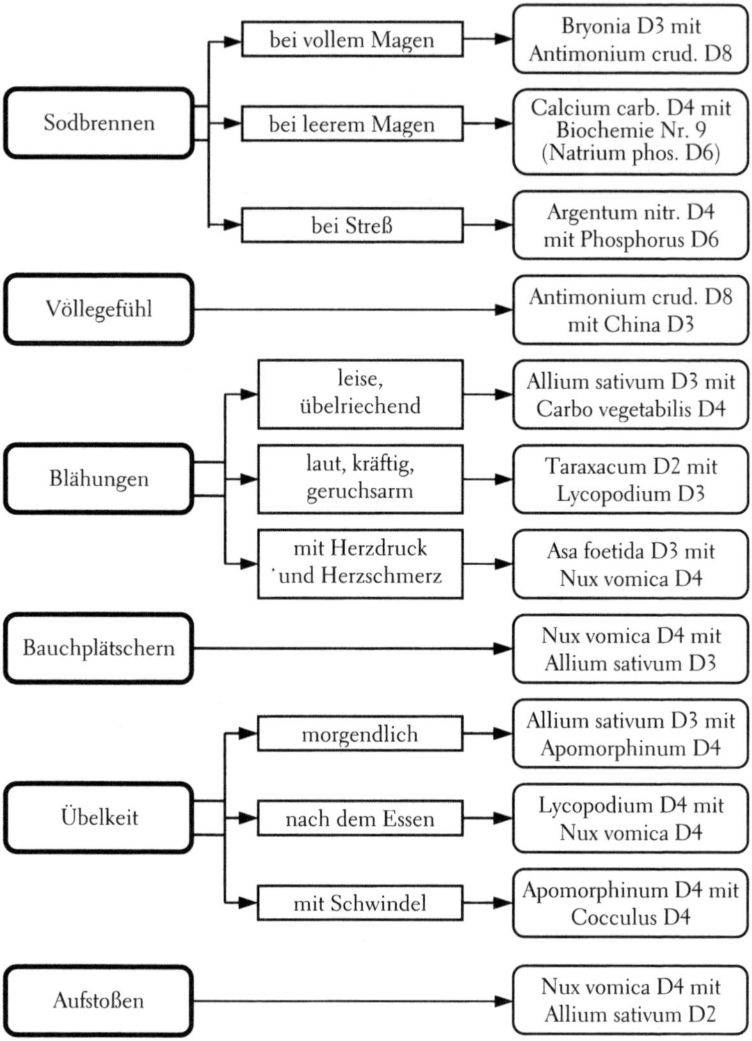

Therapieschema: Verdauungsprobleme

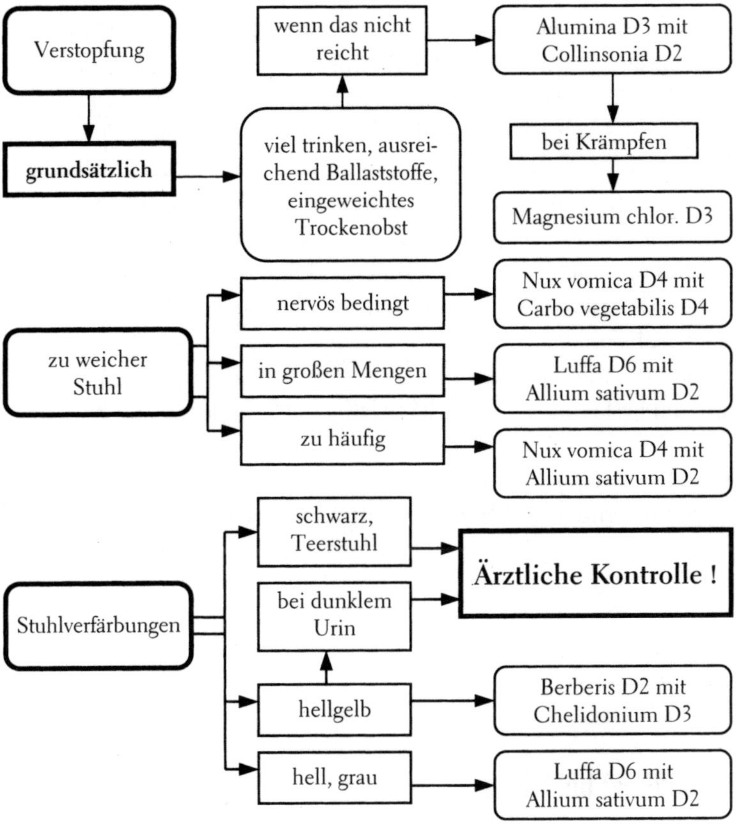

Verdauungsprobleme

Ein geregelter Stuhlgang gehört zu den Grundvoraussetzungen zur Erhaltung der Gesundheit. Jede Veränderung des Stuhls muß als Symptom einer beginnenden organischen Störung angesehen werden.

Dabei wird von den meisten Menschen nur die Verstopfung als belastend und behandlungsbedürftig empfunden. Das liegt sicherlich daran, daß der »festsitzende«, im Bauch gestaute Stuhl viel mehr quält als der »flotte Durchmarschierer«.

Die Probleme des Darmstaus sind offensichtlich: Nicht nur die damit verbundenen Schmerzen belasten; es können sich Kotsteine entwickeln, Gewebsüberdehnungen des Enddarms oder Hämorrhoiden. Langfristig werden andere Organen und der gesamte Stoffwechsel durch die im Körper verbleibenden Gifte geschädigt. Hauterkrankungen, Migräne oder rheumatische Leiden können die Folge sein.

Für den Körper sind chronische Durchfälle, aber auch der permanent zu weiche, nicht ausgeformte Stuhl genauso schädlich. Durch überschießende Produktion von Verdauungssäften verliert der Organismus zu viele Mineralstoffe und Spurenelemente. Dadurch geht Leistungsenergie verloren, Allergien werden gefördert, der Blutdruck sinkt zu sehr und der Kreislauf schwankt.

Gerade bei jungen Menschen, wenn sie sich überwiegend von Süßigkeiten und Fast food ernähren, habe ich diese Symptome sehr häufig beobachtet.

Als erste Warnzeichen organischer Störungen im Bauchraum gelten ein zu stark riechender Stuhl, im Verhältnis zur Mahlzeit zu große Kotmengen, zu häufiger Stuhldrang und Verfärbungen des Stuhls: Teerschwarzer Kot entsteht nach Blutungen im Dünndarm, gelblicher bei Entzündungen oder Stau im Gallenbereich und hellgrauer bei Fehlfunktionen der Bauchspeicheldrüse.

Symptome im Unterleib

Die Alarmzeichen unterhalb des Bauchnabels werden im allgemeinen nicht als so bedrohlich empfunden wie die näher zum Kopf liegenden. Bei einigen Zeichen fällt die Unterscheidung zwischen altersbedingter oder krankheitsbedingter Funktionseinschränkung schwer. Daher gilt grundsätzlich, daß alle schleichend zunehmenden Symptome fachärztlich kontrolliert werden müssen.

Die mit dem Alter verbundenen Störungen der Blase und beim Wasserlassen empfinden viele Menschen eher als peinlich, denn als gefährlich. Gerade dadurch können diese Symptome die Lebensqualität der Betroffenen besonders stark beeinträchtigen.

Therapieschema: Unterleibssymptome

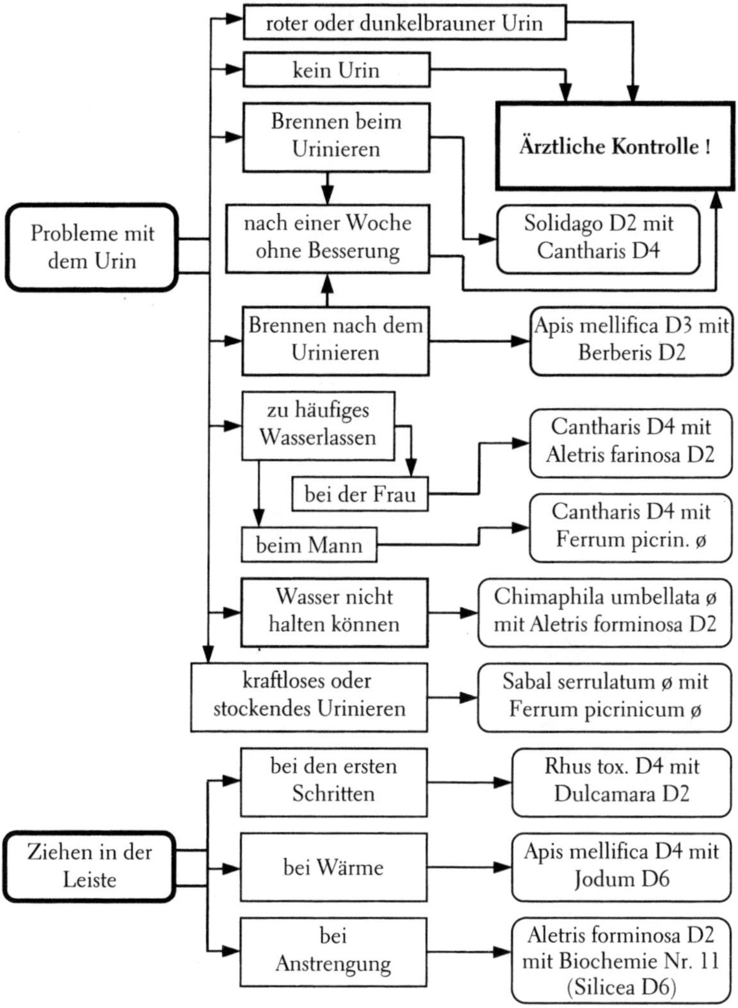

Frauen reagieren bis zu den Wechseljahren im allgemeinen bewußter auf die Symptome im Unterleib als Männer. Sie sind eher bereit, »ihren« Facharzt oder Fachärztin aufzusuchen. Männer werten Unterleibsprobleme eher als unausweichliches Schicksal.

Hormonell bedingte Krankheitszeichen lassen sich mit diesem Therapieschema nicht behandeln; altersbedingter Funktionsverlust läßt sich in gewissem Umfang verzögern oder verbessern.

Probleme mit dem Urin

Viele Krankheiten verändern die Zusammensetzung und das Aussehen des Urins. Außer den Erkrankungen der Niere und der ableitenden Harnwege hinterlassen einige Stoffwechselschäden meßbare Spuren in den flüssigen Ausscheidungen; manches ist gelöst oder mikroskopisch klein und läßt sich nur mit technischem Aufwand bestimmen.

Einige besonders wichtige Symptome sind ohne weitere Hilfsmittel zu erkennen: Dazu gehören farbliche Veränderungen (rot und braun), Geruch (nach faulen Äpfeln oder schneidend scharf), Brennen, Schmerz und Harnverhalten. Auch wenn die meisten dieser Alarmzeichen nicht so dramatisch erscheinen, sollten sie in jedem Fall fachärztlich begutachtet werden.

Schmerzen im Unterleib

Chronische Schmerzen im Unterleib sind in vielen Fällen rheumatisch bedingt oder die Folge von Bindegewebsschwächung: Die Bänder, mit denen die Wirbelsäule zusammengehalten wird, leiern im Alter aus. Als Folge können Hexenschüsse entstehen oder eine Gebärmuttersenkung, die dann chronisch auf die Blase drückt.

Ein ziehender Schmerz in der Leiste wird entweder durch Leistenreizung, Leistenbruch oder durch beginnende Abnutzung und Verschleiß des Hüftgelenks ausgelöst. Die Hüfte meldet sich vor allem bei Wetterwechsel und in den ersten Schritten nach einer Ruhephase, die Leiste bei Anstrengung. Die Schmerzen einer Entzündung (Eierstöcke, Leisten) verschlimmern sich bei Wärme.

Symptome in Armen und Beinen

Gelenk- und Muskelschmerzen

Bei allen Gelenk-, Muskel- und Sehnenschmerzen in den Armen und Beinen müssen zwei Gruppen unterschieden werden: einerseits die rheumatischen Beschwerden und andererseits die stoffwechselbedingten, gichtigen Schmerzen.

Rheuma liebt die Wärme. Unter der Bettdecke, in der Sonne oder dick verpackt schmerzt das rheumatisch entzündete Gelenk am wenigsten. Wetterwechsel, besonders bevorstehender Schnee, Sturm oder Regen, verschlimmern genauso wie Kälte. Morgens, nach der Bettruhe, sind die Schmerzen deutlich geringer. Die ersten Bewegungen nach einer Ruhepause sind unangenehm, es fühlt sich an, als ob das Gelenk erst einmal geschmiert werden müßte. Bewegung und Belastung verschlimmern erst im fortgeschrittenen Stadium der Erkrankung. Die hauptsächlich rheumatisch betroffenen Gelenke sind: Fingerknöchel und Zehengrundgelenke, die Hüft- und die Sprunggelenke. Das Knie nimmt eine Sonderstellung ein, weil hier sowohl rheumatische, gichtige als auch rein mechanische Gründe (Meniskusschäden, Bänderprobleme usw.) die Ursache der Schmerzen sein können. Nach einer fachärztlichen Abklärung ohne befriedigendes Behandlungsergebnis kann nach meinem Schema therapiert werden. Dabei sollten Sie berücksichtigen, welche äußeren Einflüsse verbessern oder verschlechtern.

Stoffwechselbedingte, also gichtige Schmerzen lieben die Kälte. Morgens sind vor allem die Hände, aber auch alle Gelenke geschwollen und unbeweglich. Wärme wird allgemein nicht als lindernd empfunden. Im Tagesverlauf lassen die Beschwerden meist ein wenig nach. Längere Belastung und viel Bewegung kann sich nachteilig auswirken. Ärztlich verordnete antirheumatische Präparate gegen die Schmerzen helfen kaum oder nur kurzfristig.

Tip: Bei diesen Gelenkschmerzen hat sich besonders gut ein Weißkohlwickel bewährt, der nachts angelegt werden sollte. Ein Blatt um das betroffene Gelenk wickeln und mit Hilfe einer Binde oder eine Socke, der die Spitze abgeschnitten wurde, fixieren. Eine Schicht reicht. Der Kohl sollte roh sein, ungekocht und saftig. Bitte täglich ein neues Blatt verwenden.

Therapieschema: Gelenk- und Muskelschmerzen

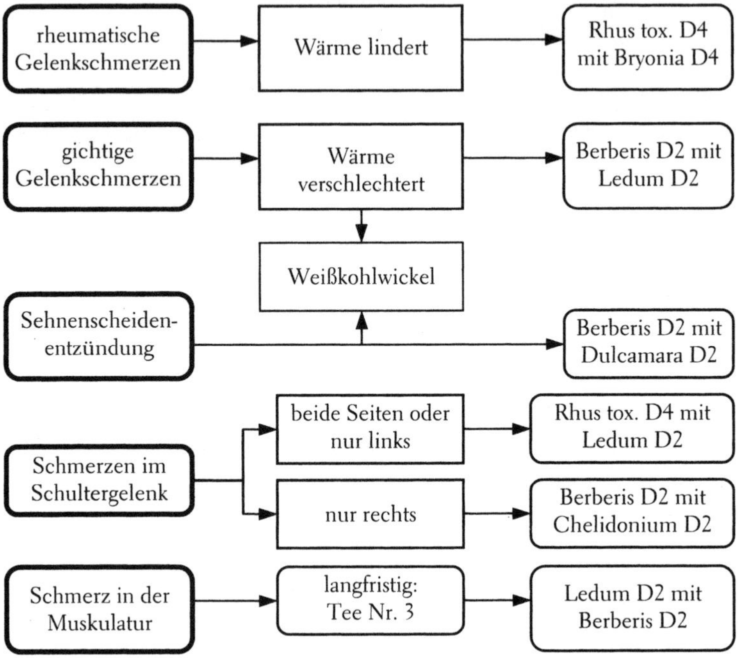

Beim Tennisarm und bei Sehnenscheidenentzündungen leistet der Weißkohlwickel ebenfalls hervorragende Dienste.

Die stoffwechselbedingte Entzündung eines Gelenks schädigt mit der Zeit so stark, daß sich die Knochen und die sie umgebenden Häute zurückbilden (Arthrose). Dieses Stadium kommt letztlich genauso bei den rein rheumatisch bedingten Entzündungen vor. Eine Heilung ist dann nicht mehr möglich, weder schulmedizinisch noch naturheilkundlich.

Therapieschema: Mißempfindungen und Durchblutungsstörungen in Armen und Beinen

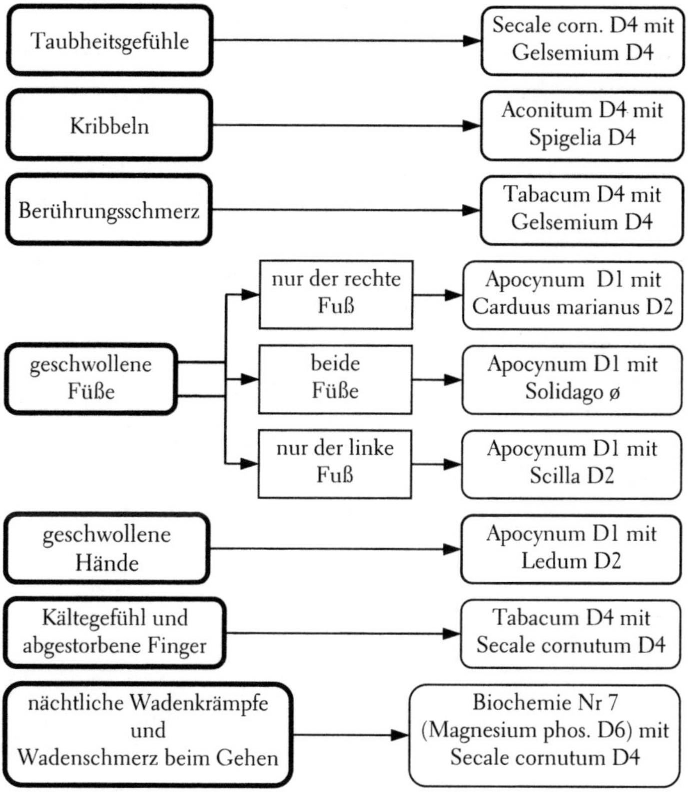

Mißempfindungen

Taubheit oder Kribbeln in den Fingerspitzen oder den Zehen kann eine einfache Ursache haben (beginnende Durchblutungseinschränkung, Nervenreizung, seelische Ursachen) oder durch schwerwiegende Nervenerkrankungen ausgelöst werden. Deshalb muß grundsätzlich erst einmal ein Neurologe die Mißempfindungen untersuchen. Leider können diese Symptome kranker Nerven häufig erst Monate oder Jahre, nachdem sie aufgetreten sind, mit modernsten medizinisch-technischen Geräten nachgewiesen werden. Aus diesem Grund müssen zunehmende, sich verstärkende Symptome wiederholt fachärztlich kontrolliert werden.

Durchblutungsprobleme

Zum normalen Alterungsprozeß gehört das Erschlaffen der Venen und das Verhärten der Arterien. Beides verschlechtert die Blutzirkulation: Durch die harten, häufig durch Ablagerungen zusätzlich belasteten Arterien fließt weniger Blut und damit weniger Sauerstoff in alle Teile des Körpers. In den schlaffen, dicken Venen strömt es viel träger zurück zum Herzen und weiter zur Lunge. Das Herz muß kräftiger arbeiten, um den Blutkreislauf aufrecht zu erhalten. Dadurch ermüdet es schneller.

Die ersten Symptome zeigen sich sehr früh, zumindest früh genug, um mit homöopathischen Mitteln langfristig gebessert werden zu können. Bei Problemen mit den Venen können alle im Kapitel über die Bindegewebsschwäche (siehe Seite 141) aufgeführten Ratschläge beherzigt werden.

Symptome auf der Haut

Die Haut soll unseren Körper schützen. Sie bewahrt ihn vor Hitze, Austrocknung, Infektionen und allen möglichen äußeren Einflüssen. Außerdem gehört unsere Haut neben der Niere, dem Darm und der Lunge zu den Ausscheidungsorganen. Einige Endprodukte des Stoffwechsels, derer sich der Körper entledigen will, werden über den Schweiß, die Talgdrüsen und andere spezielle Hautzellen ausgeschieden.

Hautunreinheiten und die meisten anderen Symptome der Haut entstehen, wenn dem Körper über die Ernährung zu viele Schadstoffe zugeführt werden oder der Stoffwechsel auf irgendeine Weise gestört wird und entgleist. Darüber hinaus versucht der Körper, jede Überlastung und jede Funktionseinschränkung eines seiner Ausscheidungsorgane durch die anderen auszugleichen, um so gut wie möglich alle unnützen, ausscheidungspflichtigen, teilweise sogar giftigen Produkte loszuwerden.

Deshalb muß bei jedem Hautsymptom angenommen werden, daß es als Reaktion auf eine Ausscheidungsschwäche entstanden ist. Unabhängig vom Lebensalter können dabei je nach Konstitution spezielle homöopathische Mittel helfen.

Darüber hinaus erzeugen einige erworbene Belastungen unerwünschte Hautreaktionen, unabhängig von angeborenen Veranlagungen, z. B. chronische Stuhlprobleme, Menstruationsstörungen oder falsche, einseitige Ernährung. Eine Heilung der Haut läßt sich nur über die Beseitigung des Grundübels erreichen. Langjährig bestehende oder weit fortgeschrittene Belastungen lassen sich durch intensive Entgiftungs- und Entschlackungskuren unter fachlicher Anleitung beheben.

Die Haut gilt als Spiegel unserer Seele, d.h., seelische Belastungen machen sich nach einer gewissen Zeit mit Alarmsignalen auf der Haut oder den Schleimhäuten bemerkbar. Das gilt ganz besonders für allergische Reaktionen, Flechten, Warzen und Rosen. Bei diesen Symptomen können Sie grundsätzlich davon ausgehen, daß eine erfolgreiche Therapie nur zusammen mit einer »seelischen Entgiftung« möglich ist.

Leberflecke und Pigmentstörungen lassen sich selten erfolgreich behandeln. Sie sind im allgemeinen auch kein Ausdruck einer sich im Körper entwickelnden Krankheit, sondern ein normaler Alterungsprozeß. Natürlich müssen Sie ganz dunkle Flecken über Jahre beobachten, um bei einer Größenzunahme rechtzeitig eine operative Entfernung zu veranlassen. Das gilt besonders für erhabene oder schwarze Pigmentansammlungen mit bräunlichen oder roten Einsprengseln. Die Größe eines Leberflecks verfolgen Sie am besten über eine jährliche Kontrolle, zu der Sie den Umfang des Mals auf ein aufgelegtes Pergamentpapier übertragen und mit dem Ergebnis des letzten Jahres vergleichen.

Gegen Warzen kursieren viele eigenwillige Rezepte und Vorschläge. Bei mir in der Praxis hat sich über die Jahrzehnte das Mittel *Thuja D2* (der Lebensbaum) bewährt. Die Dosierung ist etwas ungewöhnlich: *Jedes Mal*, tatsächlich immer, wenn Sie an die Warze denken, soll ein Tropfen darauf geträufelt und einer in den Mund genommen werden. Das Mittel wirkt nur, wenn Sie konsequent sind.

Die Haut reagiert im allgemeinen langsam. Sie braucht Monate oder Jahre, bis sich bei Belastung die ersten Signale bemerkbar machen. Ebenso verhält es sich mit der Behandlung. Haben Sie Geduld.

Therapieschema:

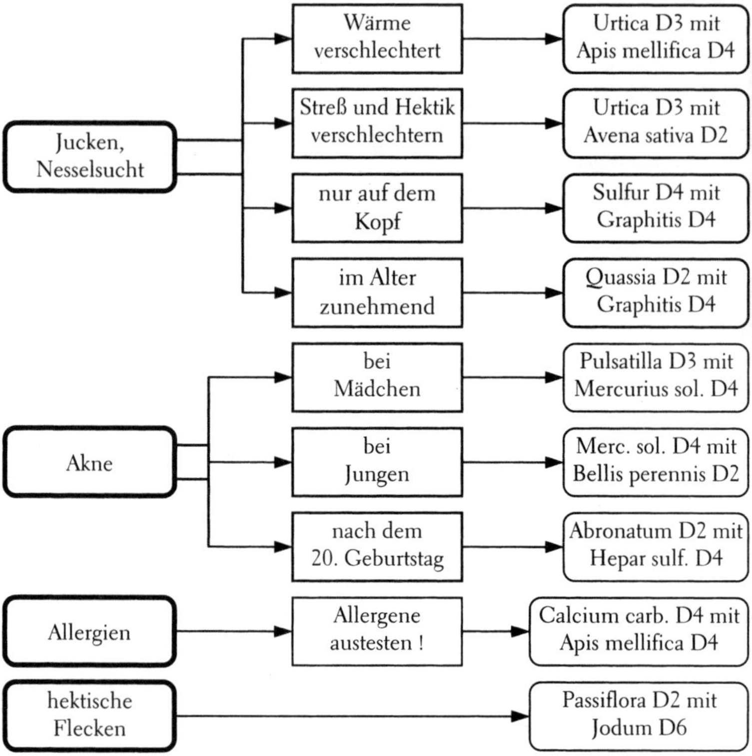

Plötzlich entstehende, sich deutlich verschlechternde oder dramatisch verlaufende Hautreaktionen müssen fachärztlich untersucht und behandelt werden.

Symptome auf der Haut

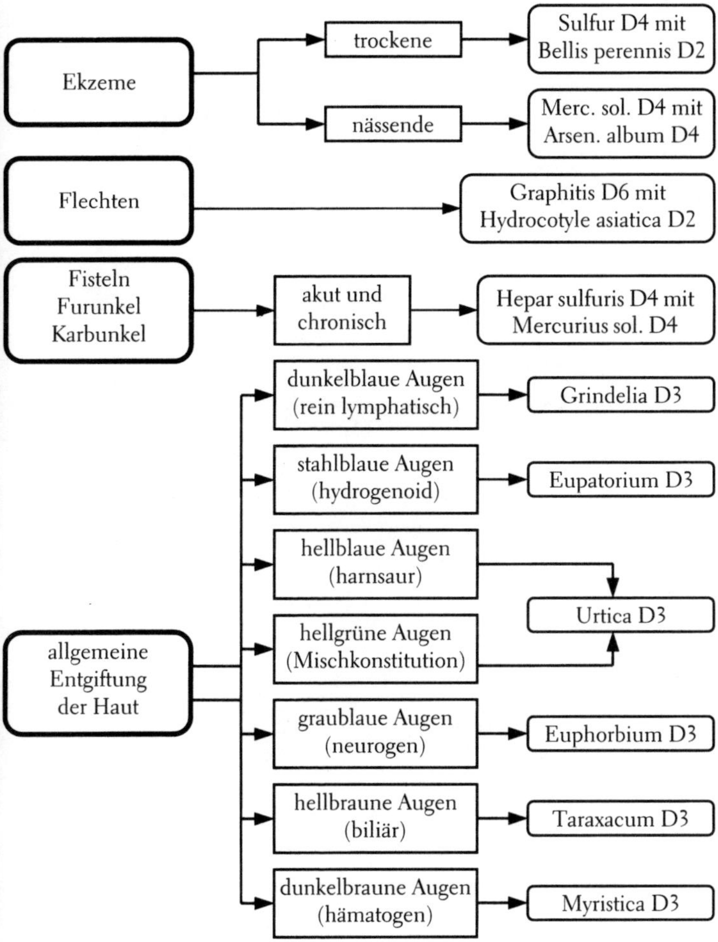

Teil 4
Service / Anhang

Die Tees

In dieser Zusammenstellung finden Sie alle Angaben, um sich Ihren Konstitutionstee in der Apotheke zusammenstellen zu lassen. Dabei haben die Abkürzungen folgende Bedeutungen:

aa	= ana partea	= zu gleichen Teilen
Flor.	= Flores	= Blüten
Fruct.	= Fructus	= Früchte
Hb.	= Herba	= Kraut
M.f.spec.	= Misce fiat species	= mische, damit es ein Tee werde
Rad.	= Radix	= Wurzel
Strob.	= Strobuli	= Zapfen

Tee Nr. 1 – für die dunkelblauen Augen
(rein lymphatische Konstitution)

Rp.: Hb. Grindeliae
Hb. Urticae
Flor. Sambuci aa 30.0
M.f.spec.: 1 TL pro Tasse, nicht aufkochen, sondern mit kochendem Wasser übergießen, höchstens 5 Minuten ziehen lassen.
1–2 Tassen täglich trinken.

Tee Nr. 2 – für die stahlblauen Augen
(hydrogenoide Konstitution)

Rp.: Hb. Urticae
Fol. Betulae aa 50.0
M.f.spec.: 1–2 TL pro Tasse, nicht aufkochen, sondern mit kochendem Wasser übergießen, 3–5 Minuten ziehen lassen.
1–3 Tassen täglich trinken.

Tee Nr. 3 – für die hellblauen Augen
(harnsaure Konstitution)

Rp.:	Fruct. Juniperi		40.0
	Fruct. Foeniculi		
	Rad. Liquiritiae	aa	30.0
M.f.spec.:	1 TL pro Tasse, nicht aufkochen, sondern höchstens 3 Minuten ziehen lassen. 2–5 Tassen täglich trinken.		

Tee Nr. 4 – für die graublauen Augen
(neurogene Konstitution)

Rp.:	Fol. Lavendulae		
	Strob. Lupuli		
	Fol. Melissae	aa	30.0
M.f.spec.:	1 EL für 2 Tassen, nicht aufkochen, sondern 3–5 Minuten ziehen lassen. 1–2 Tassen nach dem Abendbrot in kleinen Schlucken trinken.		

Tee Nr. 5 – für die grünen Augen
(Mischkonstitution)

Rp.:	Fol. Betulae		
	Hb. Urticae		
	Hb. Equiseti	aa	30.0
M.f.spec.:	1 TL pro Tasse, 3–5 Minuten ziehen lassen. Mehrere Tassen täglich trinken. Vorsicht bei akuten Nierenentzündungen!		

Tee Nr. 6 – für die hellbraunen Augen
(biliäre Konstitution)

Rp.:	Fol. Menthae pip.		
	Fruct. Foeniculi		
	Rad. Taraxaci	aa	30.0

M.f.spec.: 1 TL pro Tasse, 5 Minuten ziehen lassen.
Morgens und abends 1 Tasse trinken.

Tee Nr. 7 – für die dunkelbraunen Augen
(hämatogene Konstitution)

Rp.: Hb. Furmariae
Rad. Taraxaci
Hb. Millefolii aa 30.0
M.f.spec.: 1 TL pro Tasse, heiß aufgießen, 3–5 Minuten ziehen lassen.
Morgens und abends 1 Tasse trinken.

Die homöopathisch-biologischen Mittel von A–Z

In der folgenden Liste sind alle homöopathisch-biologischen Mittel aus den Therapieschemata aufgeführt; zum besseren Verständnis sind die deutschen Namen hinzugefügt. Die Indikationsliste in der dritten Spalte führt den für dieses Buch wesentlichen Teil der Indikationen der einzelnen Mittel auf.

Medizinischer Name	Deutscher Name	Indikation
Abrotanum	Eberraute	Appetitlosigkeit, allgemeine Schwäche, Akne
Aconitum	Sturmhut, blauer Eisenhut	Fieber, Neuralgien, Ischias
Agaricus muscarius	Fliegenpilz	Krämpfe, Schweiß, Lähmungen
Agnus castus	Mönchspfeffer, Keuschlamm	Depressionen, Impotenz, Neurasthenie
Allium sativum	Knoblauch	Arteriosklerose, Aufstoßen, Blähungen, Bluthochdruck
Ambra	Pottwal-ausscheidung	Arteriosklerose, Neurasthenie
Apis mellifica	Honigbiene	Entzündungen der Haut und der Schleimhäute, Urtikaria, Schweiß
Apocynum	Hanfartiger Hunds-würger Amerikanischer Hanf	Wasseransammlungen, Bluthochdruck

Medizinischer Name	Deutscher Name	Indikation
Aralia racemosa	Amerikanische Narde	Krampf- und Kitzelhusten, Bronchitis, Asthma
Aranea diadema	Kreuzspinne	Neuralgien, Neuritiden, Durchblutungsstörungen
Arnica montana	Bergwohlverleih	Quetschungen, Neuralgien, Muskelrheuma, Ischias
Asa foetida	Stinkassant	Blähungen, Gastritis, Roemhild
Avena sativa	Hafer	Schlaflosigkeit, Erschöpfungszustände
Belladonna	Tollkirsche	Fieber, Migräne, Neuralgien, Epilepsie, Koliken, Krampfhusten
Bellis perennis	Gänseblümchen	Furunkel, Ekzeme, Muskelschmerz, Quetschungen
Berberis	Berberitze	Steinleiden, harnsaure Veranlagung, Rheumatismus
Bryonia	Teufelsrübe, Rotbeerige Zaunrübe	Entzündungen im Bronchialtrakt, Muskel- und Gelenkrheuma
Cactus	Königin der Nacht	Herzdurchblutung, Angina pectoris, allg. Durchblutung
Camphora	Kampfer	Kollaps, Krampfveranlagung
Cantharis	Spanische Fliege	Nieren-, Blasen-, Prostataentzündung, Hautentzündungen
Capsicum	Paprika	Mittelohrentzündung, Rachenkatarrh
Carbo vegetabilis	Holzkohle	Gastritis, Dyspepsie, Drüsenschwellungern, Durchfall
Carduus marianus	Mariendistel	Leberentzündung, Lebervergiftung, Pfortaderstau

Medizinischer Name	Deutscher Name	Indikation
Chamomilla	Echte Kamille	Schlaflosigkeit, Kopfneuralgien, Blähungen
Chelidonium	Goldwurz, Schöllkraut	Leberentzündung, Gelbsucht, Gallenentzündung
Chimaphila umbellata	Doldenblütiges Wintergrün	Blase-, Nierenbecken-, Prostataentzündung
China	Chinarindenbaum	Schwindel, nach Infektionen, Kopfschmerzen, Neuralgien
Cimicifuga	Wanzenkraut	Beschwerden der Menstruation und der Wechseljahre
Cocculus	Kokkelskörner	Neuralgien, Schwindel, Verkrampfungen
Collinsonia canadensis	Grießwurzel	Verstopfung, venöse Stauungen
Colocynthis	Koloquinthe	Neuralgie, Migräne, Ischias, Koliken
Condurango	Condurangorinde	Magenentzündung, Magengeschwüre, Magersucht
Conium	Gefleckter Schierling	Prostatavergrößerung, harte Drüsen, Altersschwindel,
Convallaria	Maiglöckchen	Herzleistungsschwäche, Ödeme, Raucherbein
Corallium rubrum	Edelkoralle	Keuchhusten, Grippehusten
Crataegus	Weißdorn	Altersherz, Herzängste, Durchblutungsstörungen am Herz, Angina pectoris
Cyclamen	Alpenveilchen	Migräne, Regelbeschwerden, Heuschnupfen
Drosera	Sonnentau	Keuchhusten, Asthma, Bronchitis

Medizinischer Name	Deutscher Name	Indikation
Dulcamara	Bittersüß	Muskel- und Gelenkrheuma, Urtikaria, Herpes
Echinacea angustifolia	Schmalblättrige Kegelblume	Abwehrstärkung, Furunkel, Karbunkel, Eiterungen
Eupatorium perfoliatum	Wasserhanf	Grippe, fieberhafte Infekte, Erkältungen
Euphorbium	Wolfsmilch	Entzündungen der Haut, der Schleimhäute und der oberen Luftwege
Euphrasia	Augentrost	Entzündungen der Augen
Galphimia	Galphimia	Heuschnupfen, Asthma, allergische Hauterkrankungen
Gelsemium	Falscher Jasmin	Grippe, Trigeminusneuralgie, Nervenentzündungen
Grindelia	Grindeliakraut	Milzschwellungen, Asthma
Hydrocotyle	Wassernabel	Schuppenflechte, Ekzeme, Jucken
Hyoscyamus	Bilsenkraut	Bronchitis, Epilepsie, Halsentzündungen,
Hypericum perforatum	Johanniskraut	Depressionen, Nervenquetschungen
Ignatia	Ignatiusbohne	Vegetative Dystonie, Depressionen, Migräne, Krampfneigung
Ipecacuanha	Brechwurzel	Bronchitis, Husten, Asthma, Schwindel
Jaborandi	Jaborandistrauch	Miosis, Schweiß, Hitzewallungen
Kreosotum	Buchenholzteer	Bronchitis, Erbrechen
Lachesis	Viper	Infektionskrankheiten, Hautentzündungen, Eiterungen

Medizinischer Name	Deutscher Name	Indikation
Ledum	Sumpfporst	Hexenschuß, Gicht, Gelenk- und Muskelrheuma
Leptandra	Ehrenpreis	Gallenentzündungen, Pfortaderstau
Luffa	Luffaschwamm	Heuschnupfen, Kopfschmerz, Entzündungen im Kopf
Lycopodium	Bärlapp	Leberschwellungen, Gicht, Stein leiden, Magen-Darm-Leiden
Lycopus virginicus	Virginischer Wolfsfuß	Nervöse Herzbeschwerden, Schilddrüsenüberfunktion, vegetative Dystonie
Mandragora	Alraune	Kopfdruck, Bronchitis, Reizhusten, Asthma
Melilotus officinalis	Steinklee	Neuralgien, Kopfschmerz, Migräne
Mezereum	Seidelbast	Ekzem, Neuralgien, Juckkrisen
Myristica sebifera	Wachsgagel	Furunkel, Phlegmone, Abszesse
Myrtillus	Heidelbeere	Störungen im Kohlehydratstoffwechsel
Nux vomica	Brechnuß	Verkrampfungen im Bauchraum, Ischias, Hexenschuß, Migräne
Passiflora incarnata	Passionsblume	Schlaflosigkeit, Neurasthenie, vegetative Dystonie
Physiostigma venenosum	Kalabarbohne	Augenschwäche, Neuralgien, Muskelschwäche
Plantago major	Breitblättriger Wegerich	Zahnschmerz, Neuralgien, Bettnässen
Pulsatilla	Wiesenküchenschelle	Regelbeschwerden, Krampfbeschwerden, Augenleiden

Medizinischer Name	Deutscher Name	Indikation
Quassia	Quassiabaum	Leber-Gallen-Entzündungen, Pfortaderstau, Wassersucht
Ranunculus bulbosus	Knollenhahnenfuß	Interkostalneuralgien, Herpes, Krämpfe, Exantheme
Rhus toxicodendron	Giftsumach	Akuter Gelenkrheumatismus, Hexenschuß, Neuralgien
Ruta graveolens	Weinraute, Edelraute	Quetschungen, Verletzungen, Sehschwäche
Sabal serrulatum	Zwergpalme	Prostatavergrößerung und -entzündung, Zystitis
Salix	Weide	Hör- und Gleichgewichtsstörungen, Migräne
Scabiosa	Witwenblume	Nässende Hautleiden
Scilla	Meerzwiebel	Herzschwäche, Ödeme, Arrhythmien
Secale cornutum	Mutterkorn	Durchblutungsstörungen, Migräne, Unterleibskrämpfe
Sepia	Tintenfisch	Migräne, Neuralgien, klimakterische Erschöpfung
Sinapis nigra	Schwarzer Senf	Reizzustände der Atemwege, asthmatische Krämpfe
Solidago	Goldrute	Nierenentzündung, Gicht, Blasenentzündung, Steinleiden
Spartium scoparium	Besenginster	Herzmuskelschwäche, Herzjagen
Spigelia	Wurmkraut	Herzmuskelentzündung, Migräne, Nervenentzündung
Spongia	Badeschwamm	Schilddrüsenüberfunktion, Schilddrüsenvergrößerung

Medizinischer Name	Deutscher Name	Indikation
Staphisagria	Stephanskraut	Neurasthenie, Hautentzündungen, vegetative Dystonie
Stramonium	Stechapfel	Krämpfe, manische Zustände
Symphytum	Beinwurz, Beinwell	Heilung nach Verletzungen, Stumpfbeschwerden, Thrombosen
Tabacum	Tabak	Migräne, Übelkeit, Schwindel, Neuralgien
Taraxacum	Löwenzahn	Leber-Gallen-Entzündungen, Pfortaderstau
Urtica	Brennessel	Gicht, Ausschläge, harnsaure Veranlagung, Muskelrheuma
Valeriana	Baldrian	Neurasthenie, Schlaflosigkeit, Kopfschmerz, Hexenschuß, Blähsucht
Veratum album	Weißer Nieswurz	Brechdurchfall, Kollaps, Darmerkrankungen
Viscum album	Mistel	Bluthochdruck, Arteriosklerose, Asthma, Karzinome

Die homöopathisch-biochemischen Mittel von A–Z

In der folgenden Liste sind alle homöopathisch-biochemischen Mittel aus den Therapieschemata aufgeführt. Die Indikationsliste in der zweiten Spalte beschreibt die für dieses Buch wesentlichen Indikationen der einzelnen Mittel.

Medizinischer Name	**Indikationen**
Acidum phosphoricum	Neurasthenie, Rekonvaleszenz, Gedächnisschwäche, Impotenz
Alumina	Arteriosklerose, chronische Schleimhautkatarrhe, Verstopfung
Antimonium crudum	Gastritis, Dyspepsie, Kolitis ulzerosa, Warzen, Mundwinkelrisse
Apomorphinum	Erbrechen, Schwangerschaftserbrechen, Übelkeit
Argentum nitricum	Gastritis, Neurasthenie, Magen- und Dünndarmgeschwüre
Arsenicum album	Brechdurchfall, Neuralgien, Ekzeme, Schuppenflechte
Atropinum sulfuricum	Krampfhusten, Keuchhusten, Asthma, Neuralgien, Migräne
Aurum	Stenokardie, Arteriosklerose, Myome, Hauterkrankungen
Barium chloratum	Bluthochdruck, Altersherz, periphere Durchblutungsstörungen
Calcium carbonicum	Bronchialasthma, Krampfneigung, chronische Gastritis

Medizinischer Name	Indikationen
Chininum arsenicosum	Schilddrüsenüberfunktion, vegetative Dystonie, Trigeminusreizung
Cuprum aceticum	Krampfleiden, Krampfhusten, Asthma, Magen-Darm-Koliken
Ferrum phosphoricum	Anämie, Ausfluß, Migräne, Lungenentzündung, Rheuma
Ferrum picrinicum	Prostatavergrößerung, nervöse Erschöpfung, Hepatopathie
Graphitis	Hautschuppen, trockene Ekzeme, Schuppenflechte, Narbenbeschwerden
Hepar sulfuris	Furunkelose, Abszesse, Angina, Eiterungen der Häute und der Schleimhäute
Jodum	Arteriosklerose, bronchiale Entzündungen, Thyreotoxikose, Kropf
Kalium bichromicum	Nebenhöhlenentzündungen, Schnupfen, Nasengeschwüre, Asthma
Kalium bromatum	Krampfveranlagung, Keuchhusten, Akne, Furunkel, Seborrhoe
Kalium chloratum	Rachenkatarrhe, Tubenkatarrhe, Bindehautentzündung, Lymphdrüsenschwellungen
Kalium jodatum	Bronchitis, Asthma, Struma, Nebenhöhlenentzündungen, Muskelrheuma
Kalium phosphoricum	Neurasthenie, allgemeine Erschöpfung, Schlaflosigkeit, Platzangst
Magnesium chloratum	Kopfneuralgien, Krampfveranlagung, Neuralgien, Verstopfung
Mercurius solubilis	Schleimhautentzündungen, Furunkel, eitrige Entzündungen
Natrium carbonicum	Wetterfühligkeit, Neuropathien, Kopfschmerzen

Medizinischer Name	Indikationen
Phosphorus	Erschöpfung, Neurasthenie, Sehnenentzündungen, Neuritiden
Plumbum aceticum	Arteriosklerose, Ischias, spastische Verstopfung, Bauchkoliken
Selenium	Neurasthenie, nervöse Impotenz, reizbare Schwäche
Sulfur	Reaktionsschwäche der Organe, Magen-Leber- Darm-Beschwerden
Thallium sulfuricum	kreisrunder Haarausfall
Zincum metallicum	Reizzustände im Kopf, Neuralgien, Neurasthenie
Zincum valerianicum	Schlaflosigkeit, nervöse Störungen, Neuralgien, motorische Unruhe

Die Kosten für eine irisdiagnostische Untersuchung

Merkwürdigerweise gibt die Gebührenordnung für Heilpraktiker keine genaue Auskunft über die Höhe des Honorars. Ein exakter, für jeden verbindlicher Betrag ist nicht festgelegt. Trotzdem muß eine professionelle Augendiagnose nicht teuer sein. Nach meiner Erfahrung kann ein Grundpreis von 30,– bis 80,– DM für die Diagnose inklusive der Ausstellung eines Rezeptes und einem erklärenden Gespräch als normal angesehen werden; für die Erstdiagnose sind 20 bis 30 Prozent Aufschlag üblich. Zusätzliche diagnostische Maßnahmen (Blutuntersuchungen, Urinuntersuchungen usw.) werden genauso gesondert berechnet wie alle therapeutischen Anwendungen.

In jeder Berufsgruppe gibt es schwarze Schafe, auch bei den Irisdiagnostikern. Sie schützen sich am besten vor überhöhten Honorarforderungen, wenn Sie sich vor dem ersten Behandlungstermin genau informieren: Fragen Sie vorher nach den Kosten, oder telefonieren Sie mit dem zuständigen Berufsverband, wenn Ihnen der Kollege noch unbekannt ist. Die Adressen der meisten Verbände finden Sie im nächsten Abschnitt.

Adressen

Im folgenden finden Sie die Anschriften der meisten Heilpraktikerverbände und des Biochemischen Vereins in Deutschland (Bundesverbände und Landesverbände) sowie in Österreich und in der Schweiz.

Deutschland

Bundesverbände

Verband Deutscher Heilpraktiker e.V.
Ernst-Grote-Straße 13
30916 Isernhagen
Tel.: 05 11/61 69 80
Fax: 05 11/61 69 820

Freie Heilpraktiker e.V.
Sternwartstraße 42
40223 Düsseldorf
Tel.: 02 11/9 01 72 90
Fax: 02 11/3 98 27 10

Bund Deutscher Heilpraktiker e.V.
Südstraße 11
48231 Warendorf
Tel.: 0 25 81/6 15 50
Fax: 0 25 81/63 33 29

Fachverband Deutscher Heilpraktiker e.V.
Maarweg 10
53123 Bonn
Tel.: 02 28/61 10 49
Fax: 02 28/62 73 59

Union Deutscher Heilpraktiker e.V.
Ipfweg 5
73614 Schorndorf-Oberberken
Tel.: 0 71 81/38 46
Fax: 0 71 81/36 32

Freier Verband Deutscher Heilpraktiker e.V.
Schillerstraße 3
85521 Ottobrunn
Tel.: 0 89/6 01 47 45
Fax: 0 89/6 01 46 69

Landesverbände (nach Bundesländern)

Fachverband Deutscher Heilpraktiker
Landesverband Sachsen e.V.
Schönbrunnstraßc 11
01097 Dresden
Tel.: 03 51/8 02 28 53
Fax: 03 51/8 04 13 93

Fachverband Deutscher Heilpraktiker
Landesverband Berlin-Brandenburg e.V.
Mommsenstraße 45
10629 Berlin
Tel.: 0 30/3 23 30 50
Fax: 0 30/3 24 97 61

Fachverband Deutscher Heilpraktiker
Landesverb. Mecklenburg-Vorpommern e.V.
Dorfstr. 21
17192 Schwarzenhof/Lansen
Tel.: 03 99 34/74 39
Fax: 03 99 34/74 39

Fachverband Deutscher Heilpraktiker
Landesverband Hamburg e.V.
Conventstraße 14
22089 Hamburg
Tel.: 0 40/25 75 75
Fax: 0 40/25 75 76

Fachverband Deutscher Heilpraktiker
Landesverband Schleswig-Holstein e.V.
Beselerallee 15
24105 Kiel
Tel.: 04 31/56 48 88
Fax: 04 31/56 48 89

Bremer Heilpraktikerverband e.V.
Landesverband im Fachverband DH
Celler Straße 2
28205 Bremen
Tel.: 04 21/44 01 16
Fax: 04 21/4 91 92 54

Niedersächsischer Heilpraktikerverband e.V.
Landesverband im Fachverband DH
Alte Bahnhofstraße 26
31515 Wunstorf
Tel.: 0 50 31/9 52 00
Fax: 0 50 31/95 20 32

Fachverband Deutscher Heilpraktiker
Landesverband Sachsen-Anhalt e.V.
Überfunder 46
39288 Burg
Tel.: 0 39 21/98 86 84
Fax: 0 39 21/98 86 84

Biochemischer Bund Deutschlands e.V.
In der Kuhtrift 18
41541 Dormagen
Tel.: 0 21 33/7 20 03
Fax: 0 21 33/7 20 03

Fachverband Deutscher Heilpraktiker
Landesverband Nordrhein-Westfalen e.V.
Dorstener Straße 415
44809 Bochum
Tel.: 02 34/9 04 35 10
Fax: 02 34/9 04 35 60

Heilpraktikerverband Rheinland e.V.
Landesverband im Fachverband DH
Glück-Auf-Straße 7
50169 Kerpen
Tel.: 0 22 73/45 15
Fax: 0 22 73/62 46

Heilpraktikerverband Rheinland-Pfalz e.V.
Landesverband im Fachverband DH
Koblenzer Straße 2
56626 Andernach
Tel.: 0 26 32/4 64 63
Fax: 0 26 32/18 44

Hessischer Heilpraktikerverband e.V.
Landesverband im Fachverband DH
Spessartstr. 24
61118 Bad Vilbel
Tel.: 0 61 01/8 58 55
Fax: 0 61 01/8 38 75

Heilpraktiker Verband Saar e.V.
Landesverband im Fachverband DH
Metzer Straße 17
66740 Saarlouis
Tel.: 0 68 31/46 00 00
Fax: 0 68 31/46 00 04

Fachverband Deutscher Heilpraktiker
Landesverband Baden-Württemberg e.V.
Sonnenplatz 1
76530 Baden-Baden
Tel.: 0 72 21/3 13 45
Fax: 0 72 21/39 03 92

Fachverband Deutscher Heilpraktiker
Landesverband Bayern e.V.
Neumarkter Straße 87
81673 München
Tel.: 0 89/4 31 41 40
Fax: 0 89/4 31 03 04

Fachverband Deutscher Heilpraktiker
Landesverband Thüringen e.V.
Karolinenstraße 17
99817 Eisenach
Tel.: 0 36 91/73 22 00
Fax: 0 36 91/21 02 19

USLARER Kreis
Verein zur Förderung der Augendiagnose
(Augendiagnoseseminare für Heilpraktiker und Ärzte)
Organisationsleitung:
Ostmerheimer Straße 198
51109 Köln
Tel.: 01 80/2 67 21 83

Österreich

Arbeitsgemeinschaft für anthroposophisches Heilwesen
Südtiroler Straße 16
4020 Linz

Arbeitsgemeinschaft österreichischer Ärzte für anthroposophisch erweiterte Medizin
Spiegelgasse 10
1010 Wien

Biochemischer Verein nach Dr. Schüßler
Buchkogelgasse 10
8020 Graz

Österreichische Gesellschaft für homöopathische Medizin
Mariahilferstr. 110
1070 Wien

Österreichischer Kneippbund
Kunigundenweg 10
8700 Leoben/Steiermark

Österreichisch medizinische Gesellschaft für Neuraltherapie-Regulationsforschung
Simmenringer Hauptstr. 147/9
1110 Wien

Schweiz

Schweizerische Ärztgesellschaft für Akupunktur
Haus am Sportplatz
Postfach 566
8134 Adliswil

Verein für anthroposophisches Heilwesen
Stollenrain 15
4144 Arlesheim

Verein anthroposophisch orientierter Ärzte in der Schweiz
Sonnenhof
Obere Gasse 10
4144 Arlesheim

Schweizerische Ärztegesellschaft für Aurikulomedizin und Akupunktur
Bubenbergplatz 10
3011 Bern

Literatur

Angerer, J.: *Handbuch der Augendiagnostik*. Haug Verlag, Saulgau 1953

Angerer, J. und div.: *Ophtalmotrope Phänomenologie*. Verlag T. Marcell, München 1981

Deck, J.: *Grundlagen der Irisdiagnostik*. Selbstverlag J. Deck, Ettlingen 1980

Flink, E.: Zeitschriften für Iridologie 1920–1941. P. Rohrmoser, Radeburg

Hense, H.: *Heilsystem Truw*. Verlag Thorraduranwerk, Hüls 1931

Herget, H./Schimmel, H.: *Grundsätzliches zu Zeichen und Pigmenten in der Iris*. Pascoe, Gießen 1972

Jaroszyk, G.: *Augendiagnostik – Erfahrungen und Erkenntnisse*. Medizin-Verlag Jaroszyk, Solms 1978

Kabisch, E. H.: *Irisstrukturen – Konstitutionen – Pigmente*. Selbstverlag, Uslar 1981

Lang, W.: *Die anatomischen und physiologischen Grundlagen der Augendiagnostik*. Haug Verlag, Ulm 1974

Liljequist, N.: *Om Oegendiagnosen (deutsch)*. Krüger Verlag, Leipzig 1911

Maubach, A.: *Irisdiagnostik als Konstitutionslehre*. Haug Verlag, Ulm 1952

Markgraf, A.: *Bildatlas der Augendiagnostik*. Selbstverlag

Péczely, I. von: *Entdeckungen auf dem Gebiet der Natur- und Heilkunde*. Ungarische Staatsdruckerei, Budapest 1880

Rehwinkel, J./Wenske, S.: *Augendiagnose*. Albert Amann Verlag, Amorbach 1988

Schlegel, E.: *Die Augendiagnose des Dr. Ignatz von Péczely*. Krüger Verlag, Leipzig 1939

Schnabel, R.: *Das Auge als Gesundheitsspiegel*. Irisverlag, München 1930

Register

Abdunklungen 100
Abführmittel 147
Ablagerungen (Pigmente) 105, 125-130
Abrotanum (Eberraute) 199, 208
Acidum phosphoricum 138, 139, 160, 168, 215
Aconitum (blauer Eisenhut) 138, 139, 143, 160, 161, 174, 185, 198, 208
Aderhaut (Chorioidea) 25, 26
Adern, dicke rote 123
Agaricus muscarius (Fliegenpilz) 160, 166, 171, 208
Agnus castus (Mönchspfeffer) 208
Aids 20
Akne 199
Akupunktur 51
Aletris farinosa (Sternwurzel) 142, 193
Alkohol 94, 106, 109, 116, 117, 141, 142, 162, 186
Allergien 137, 199
Allium sativum (Knoblauch) 190, 191, 208
Alpenveilchen (Cyclamen) 166, 171, 210
Alraune (Mandragora) 211
Altersweitsichtigkeit 170
Alumina 188, 191, 215
Ambra (Pottwalausscheidung) 208
Anämie (Blutarmut) 124
Angina pectoris 97
Antimonium crudum 188, 190, 215
Aorta 33, 119
Aortenwanderweiterung 120
Apis mellifica (Honigbiene) 171, 174, 193, 199, 208
Apocynum (Hanfartiger Hundswürger) 198, 208
Apomorphinum hydrochloricum 188, 190, 215
Appetitlosigkeit 161
Aralia racemosa (Amerikanische Narde) 184, 209
Aranea 176
Argentum nitricum 190, 215
Arnica montana (Bergwohlverleih) 138, 139, 166, 171, 176, 185, 209
Arsenicum album 161, 215
Arterienverkalkung 124, 143
Arthrose 196
Asa foetida (Stinkassant) 190, 209
Asthma 46, 67, 97, 185
Atropinum sulfuricum 94, 188, 215
Aufhellungen 100, 108
Auflagerungen 105, 106
Augapfel 25
Augen
– Aufbau 26
– blaue 59, 60, 62, 87, 96
– braune 62, 96

– dunkelblaue 62, 84, 104, 138, 205
– dunkelbraune 59, 81, 82, 83, 87, 134, 138, 207
– graublaue 72, 84, 93, 138, 206
– grüne 59, 60, 75, 84, 87, 134, 138, 206
– hellblaue 68, 84, 138, 206
– hellbraune 59, 78, 84, 87, 95, 99, 134, 138, 206
– stahlblaue 64, 138, 205
Augendruck 142
Augenfarbe 41
Augenhintergrund 16
Augenkammer, vordere 25, 26
Augenkrankheiten 23
Augenmuskel 26
Augentrost (Euphrasia) 171, 210
Augenvordergrund 16
Aurafotografie 51
Aurum (Gold) 138, 139, 179, 215
Außenhaut, weiße (Sklera) 25
Außenring, weißer (lipämische Diathese) 81, 89, 96, 97, 101, 124, 143, 149
Auswurf 181
Avena sativa (Hafer) 161, 199, 209
Ayurvedische Medizin 51

Badeschwamm (Spongia) 169, 179, 184, 213
Bakterien 147
Baldrian (Valeriana) 161, 214
Bandscheibenschäden 92
Bandscheibenverschleiß 142
Barium chloratum 173, 215
Bärlapp (Lycopodium) 190, 212
Basismittel 61
Bauchschmerz 97, 187
Bauchspeicheldrüse 31, 108, 128, 177, 187
Bauchspeicheldrüsenpunkte 115
Beine 31
Beinwurz (Symphytum) 176, 213
Belastungszeichen 125
Belladonna (Tollkirsche) 94, 160, 209
Bellis perennis (Gänseblümchen) 173, 176, 199, 200, 209
Berberis (Berberitze) 188, 191, 193, 196, 209
Bergwohlverleih (Arnica montana) 138, 139, 166, 171, 176, 185, 209
Besenginster (Spartium scoparium) 213
Bilsenkraut (Hyoscyamus) 210
Bindegewebsbelastung 90, 141
Bindegewebsfäden (Radiären) 17, 27, 59, 106, 113, 134
Bindegewebsschwäche (Maßliebcheniris) 91, 149, 194
Bindegewebsveranlagung 89
Bindehaut 26
Bindehautentzündung 170
Birkenblätter 140
Bittersüß (Dulcamara) 193, 196, 211
Blähungen 189, 190
Blasenschwäche 118
Blinder Fleck 25, 26
Blutarmut (Anämie) 124

Blutdruck, hoher 163, 164
Blutspende 85
Brechnuß (Nux vomica) 166, 188, 190, 191, 212
Brechwurzel (Ipecacuanha) 188, 211
Brennessel (Urtica) 199, 200, 214
Brennesselblätter 14
Brennesselkraut 140
Bronchien 31
Brust 32
Bryonia (Zaunrübe) 138, 139, 160, 179, 184, 190, 196, 209
Buchenholzteer (Kreosotum) 211
Buschmeister (Lachesis) 179, 211
Butterblumenwurzel 139

Cactus (Königin der Nacht) 209
Calcium carbonicum 138, 139, 190, 199, 215
Calcium phosphoricum 138
Camphora (Kampfer) 160, 166, 168, 171, 209
Candida albicans (Darmpilz) 187
Capsicum (Paprika) 173, 209
Carbo vegetabilis (Holzkohle) 190, 191, 209
Carduus marianus (Mariendistel) 138, 140, 144, 161, 188, 209
Cantharis (Spanische Fliege) 185, 193, 209
Chamomilla (Kamille) 210
Chelidonium (Schöllkraut) 138, 139, 160, 188, 191, 196, 210
Chimaphila umbellata (Doldenblütiges Wintergrün) 193, 210
China (Chinarinde) 138, 139, 140, 190, 210
Chininum arsenicosum 161, 216
Cholesterinring 96
Cholesterinwerte 123
Chorioidea (Aderhaut) 25, 26
Cimicifuga (Wanzenkraut) 166, 210
Cocculus (Kokkelskörner) 160, 190, 210
Colchicum (Herbstzeitlose) 138, 139
Collinsonia canadensis (Grießwurzel) 188, 191, 210
Colocynthis (Koloquinthe) 161, 185, 210
Condurango (Condurangorinde) 176, 210
Conium (Gefleckter Schierling) 184, 210
Convallaria (Maiglöckchen) 160, 184, 210
Corallium rubrum (Edelkoralle) 210
Crataegus (Weißdorn) 166, 168, 171, 184, 210
Crotum 173
Cuprum aceticum 188, 216
Cyclamen (Alpenveilchen) 166, 171, 210

Darm 32, 83, 129
Darmaussackungen 115
Darmfeld 27
Darmkolik 97
Darmkrause 17, 27, 114

Darmpilz (Candida albicans) 187
Darmregion 107, 114
Darmvorfall 115
Defektzeichen 113, 114
Depressionen 97, 117
Desensibilisierung 174
Diabetes 177
Diathese, lipämische (weißer Außenring) 81, 89, 96, 97, 101, 124, 143, 149
Dickdarm 187
Dispositionen (erworbene Veranlagungen) 100
Dosierung 145, 151
Drogen 93
Drosera (Sonnentau) 184, 210
Dulcamara (Bittersüß) 193, 196, 211
Durchblutungsstörung 97, 143, 144, 197 f.
Durchfall 192

Eberraute (Abrotanum) 199, 208
Echinacea angustifolia (Schmalblättrige Kegelblume) 174, 176, 179, 211
Edelkoralle (Corallium rubrum) 210
Ehrenpreis (Leptandra) 212
Eierstöcke 32
Eisenhut, blauer (Aconitum) 138, 139, 143, 160, 161, 174, 185, 198, 208
Ekzeme 67
Embolien 97
Ernährung 92, 117, 186, 199
Erstverschlimmerung 134
Eupatorium perfoliatum (Wasserhanf) 160, 200, 210
Euphorbium (Wolfsmilch) 173, 176, 200, 210
Euphrasia (Augentrost) 171, 210

Farbablagerungen 43, 45, 68, 114
Farbeinlagerungen 126
Farbtupfer (Pigmente) 43, 45, 63, 72, 125
Felke, Emanuel 48
Fenchel 140
Ferrum phosphoricum 216
Ferrum picrinicum 193, 216
Fetteinlagerung 96
Fettstoffwechselstörung 96, 143, 144
Fieber 147, 163
Flecken, schneeweiße (Tophi) 66
Fliege, spanische (Cantharis) 185, 193, 209
Fliegenpilz (Agaricus muscarius) 160, 166, 171, 208
Flügelfell (Pterrhygium) 124
Funktionsorgane 29

Galle 187
Gallenblase 32
Gallenblasenentzündung 110
Gallenkolik 97
Gallensteine 46, 110
Gallenwegsentzündung 110
Galphimia 184, 210
Gänseblümchen (Bellis perennis) 209

Gastritis 47, 106
Gebärmutter 33
Gebärmuttersenkung 92, 142, 194
Gelbsucht 123
Gelsemium (Falscher Jasmin) 160, 166, 171, 176, 198, 210
Gerstenkorn 170
Geschwüre 114, 189
Gewebsrückbildung 43
Gewebsschwäche 90
Gewürze 141, 156
Gicht 69
Giftsumach (Rhus toxicodendron) 138, 139, 176, 185, 193, 196, 213
Gingko biloba 144
Ginseng 168
Glaskörper 23, 25, 26
Glaukom (grüner Star) 23, 94, 142, 163, 169
Glononium 184
Gold (Aurum) 138, 139, 179, 214
Goldrute (Solidago) 138, 139, 193, 198, 213
Graphitis 173, 176, 199, 200, 216
Greisenring 98
Grießwurzel (Collinsonia canadensis) 188, 191, 210
Grindelia 140, 160, 200, 210
Großpupille (Mydriasis) 89, 94, 95, 96, 142, 143, 149
Gürtelrose 185 f.

Haarausfall 167, 168, 169
Hafer (Avena sativa) 161, 199, 209
Halblakunen 113
Halswirbelsäule 40
Halswirbelsäulenschmerz 180
Hämorrhoiden 70, 92, 115, 125, 142, 191
Harnblase 33
Harninkontinenz 118
Harnsäure 118
Harnsäureablagerungen 69
Hauptmittel 136, 149
Haut 33
Hautausschlag 173
Hautring 121
Heidelbeere (Myrtillus) 211
Helicobacter pylori 107, 187
Hense, Heinrich 49
Hepar sulfuris 160, 171, 176, 178, 199, 200, 216
Hepatitis (Leberentzündung) 110
Herbstzeitlose (Colchicum) 138, 139
Herpes (Lippenbläschen) 175, 176
Herz 33
Herzinfarkt 19, 149
Herzjagen 180, 182, 183
Herzrasen 116
Herzrhythmusstörungen 181, 182, 183
Herzsektor 111, 119
Herzstillstand 149
Heuschnupfen 63, 170, 174
Hexenschuß 194
Hoden 32
Höhenangst 97
Hohlorgane 29
Holunderblüten 139
Holzkohle (Carbo vegetabilis) 190, 191, 209

Honigbiene (Apis mellifica) 171, 174, 193, 199, 208
Hopfenblüten 139
Hormone 147, 168
Hornhaut (Kornea) 23, 25, 26
Hornhautentzündung 171
Hornhautverkrümmung 23
Hügel, gelbe 123
Hundswürger, hanfartiger (Apocynum) 198, 208
Husten 116, 181, 183, 184
Hydrocotyle asiatica (Wassernabel) 200, 210
Hyoscyamus (Bilsenkraut) 184, 210
Hypericum perforatum (Johanniskraut) 161, 166, 211

Ignatia amara (Ignatiusbohne) 143, 188, 211
Infektionen 18
Innenring (larvierte Tetanie) 83, 84, 89, 97, 98, 99, 105, 144, 149
Ipecacuanha (Brechwurzel) 188, 211
Iris (Regenbogenhaut) 13, 16, 19, 23, 25, 26, 27, 70
»Iris Correspondenz« 49
Irismikroskop 23, 55
Irisrand (Limbus) 27, 123
Irisstruktur 87

Jaborandi (Jaborandistrauch) 160, 211
Jasmin, falscher (Gelsemium) 160, 166, 171, 176, 198, 210
Jodum 160, 193, 199, 216
Johanniskraut (Hypericum perforatum) 161, 166, 211
Juckreiz 118

Kaffee 141, 186
Kalabarbohne (Physiostigma venenosum) 212
Kalium bichromicum 173, 216
Kalium bromatum 184, 216
Kalium chloratum 174, 176, 216
Kalium jodatum 174, 216
Kalium phosphoricum 138, 144, 160, 166, 168, 171, 179, 216
Kalium sulfuricum 138
Kamille (Chamomilla) 210
Kammerwasser 25
Kampfer (Camphora) 160, 166, 168, 171, 209
Kegelblume, schmalblättrige (Echinacea angustifolia) 174, 176, 179, 211
Kieferregion 112, 122
Kirlianfotografie 51
Kleinpupille (Miosis) 76, 89, 92, 93, 94, 105, 142, 143, 149
Kleinstlakunen (Krypten) 113, 120
Knoblauch (Allium sativum) 190, 191, 208
Knollenhahnenfuß (Ranunculus bulbosus) 179, 185, 213
Knopfpupille 94
Kokkelskörner (Cocculus) 160, 190, 210
Kolon-Hydro-Therapie 115
Koloquinthe (Colocynthis) 161, 185, 210

Königin der Nacht (Cactus) 209
Konstitutionen (angeborene Veranlagungen) 41, 59-99, 100, 154
Konstitutionsgruppe
- biliär 13, 78, 87, 95, 99, 134, 138, 206
- hämatogen 13, 82, 87, 134, 138, 207
- harnsauer 13, 68, 87, 138, 206
- hydrogenoid 13, 65, 87, 138, 205
- Mischkonstitution 13, 75, 76, 87, 134, 138, 206
- neurogen 13, 72, 73, 87, 93, 138, 206
- rein lymphatisch 13, 62, 87, 104, 138, 205
Konstitutionsmittel 20, 61, 136, 146, 149, 153
Konstitutionstypen 41, 59
Kontaktlinsen 23
Konzentrationsschwäche 160, 168
Kopfschmerzen 76, 154, 155
- chronische 162
- pochende 164
- verletzungsbedingte 163
- vor oder während der Regel 164, 166
Kornea (Hornhaut) 23, 25, 26
Krampfadern 72, 92, 142
Kreatinin 118
Krebs 54, 163
Kreislaufprobleme 46
Kreosotum (Buchenholzteer) 211
Krypten (Kleinstlakunen) 113, 120
Kryptenblatt 23, 126
Kurzatmigkeit 181
Lachesis (Viper) 179, 211
Lakunen (Krypten) 113, 120
Lakunen (Schwächezeichen) 44, 63, 81, 90, 91, 101, 103, 104, 112, 113, 114, 117, 119, 129
Lakunennester 113
Leber 34, 46, 80, 83, 96, 116, 128, 144, 177
Leberentzündung (Hepatitis) 110
Leberflecke 199
Leber-Gallen-Sektor 109, 116, 125
Lebersektor 123
Lederhaut 26, 45, 122, 123, 124
Ledum (Sumpfporst) 196, 198, 212
Leistenbruch 142, 194
Leiterlakunen 113
Leitgefäße 123
Leptandra (Ehrenpreis) 212
Lidkrämpfe 172
Lidzucken 172
Liljequist, Nils 48
Limbus (Irisrand) 27
Lindenblüten 139
Linse 25, 26
Linsenablagerungen 23, 46
Lipoidhügel 123, 124
Lippenbläschen (Herpes) 175, 176
Löwenzahn (Taraxacum) 184, 188, 190, 200, 214
Luffa (Luffaschwamm) 174, 191, 212
Luftröhre 34
Lunge 34
Lungensektor 111, 120
Lupe 14
Lycopodium (Bärlapp) 190, 212

Lycopus virginicus (Virginischer Wolfsfuß) 179, 212

Madaus, Magdalene 49
Magen 34
Magen-Darm-Zone 17
Magenfeld 27
Magenregion 106, 113
Magenschleimhautentzündung 106
Magnesium chloratum 191, 216
Magnesium phosphoricum 138, 145, 161, 171, 179, 198
Maiglöckchen (Convallaria) 160, 184, 210
Mandelentzündung 178, 179
Mandeln 34
Mandragora (Alraune) 212
Mariendistel (Carduus marianus) 138, 140, 144, 161, 188, 209
Maßliebcheniris (Bindegewebsschwäche) 91, 149, 194
Medikamente 90, 93, 94, 117, 142, 147
Medikamentenmißbrauch 53
Meerzwiebel (Scilla) 198, 213
Melilotus officinalis (Steinklee) 212
Menstruation 97, 164
Menstruationsstörungen 199
Mercurius solubilis 171, 176, 179, 199, 200, 216
Mezereum (Seidelbast) 185, 212
Migräne 54, 74, 97, 164, 165, 166, 169
Milz 35, 128
Milzsektor 121, 123
Miosis (Kleinpupille) 74, 89, 92, 93, 94, 105, 142, 143, 149
Mistel (Viscum album) 160, 214
Misteldrüsenextrakt 121
Mönchspfeffer (Agnus castus) 208
Moschuswurzel (Sumbulus) 143
Mundschleimhautbläschen 175
Muskelverspannung 97
Mutterkorn (Secale cornutum) 168, 173, 198, 213
Mydriasis (Großpupille) 89, 94, 95, 96, 142, 143, 149
Myristica sebisera (Wachsgagel) 201, 211
Myrtillus (Heidelbeere) 212

Narde, amerikanische (Aralia racemosa) 184, 208
Nasennebenhöhlen 35
Nasennebenhöhlenentzündung 173, 174
Natrium carbonicum 166, 173, 185, 216
Natrium phosphoricum 138, 190
Natrium sulfuricum 138
Nervenentzündung 165
Nervenreizung 165
Nervus opticus (Sehnerv) 25, 26
Nesselsucht 199
Netzhaut (Retina) 25, 26
Neuralgie 165, 178, 185
Nieren 35, 79, 110
Nierenbecken 35
Nierenbeckenentzündung 110
Nierenentzündung 118

Niereninsuffizienz 118
Nierenreizung 118
Nierensektor 110, 117
Nierensteine 128
Nießwurz, weißer (Veratum album) 160, 214
Nikotin 94, 106, 141
Nux vomica (Brechnuß) 166, 188, 190, 191, 212

Ohrgeräusche 172, 173
Ohrjucken 173
Organkarte 28
Organkarte, normale 30, 34, 35
Organkarte, spiegelverkehrte 30, 32, 33
Organreizung 42
Organverfettung 124

Paprika (Capsicum) 173, 209
Passionsblume (Passiflora incarnata) 161, 179, 188, 199, 212
Pe'czelny, Ignatz von 48
Pfefferminzblätter 140
Phosphorus 160, 168, 173, 184, 190, 217
Physiostigma venenosum (Kalabarbohne) 212
Pigmente (Farbtupfer) 43, 45, 63, 72, 125
– braune 130
– gelbe 127-128
– graue 129
– ockerfarbene 129
– orange 128
– schwarze 130
– topolabile 105, 126
– topostabile 105, 106, 126
– weiße 127
Pigmentstörungen 199
Plantago major (Breitblättriger Wegerich) 166, 171, 173, 212
Platzangst 97
Plumbum aceticum 217
Pottwalausscheidung (Ambra) 208
Prostata 35
Prostatareizung 108
Prostatavergrößerung 108
Pterrhygium (Flügelfell) 124
Pubertät 89
Pulsatilla (Wiesenküchenschelle) 174, 199, 212
Pulsdiagnose 51
Pupille (Sehloch) 25, 27
Pupillengröße 90

Quassia (Quassiabaum) 188, 199, 213

Radiären (Bindegewebsfäden) 17, 27, 59, 106, 113, 134
Ranunculus bulbosus (Knollenhahnenfuß) 179, 185, 213
Regenbogenhaut (Iris) 13, 16, 19, 23, 25, 26, 27, 68
Regionen, dunkle 43, 112
Regionen, helle 42, 102, 106
Reizblase 110
Reizschilddrüse 179
Retina (Netzhaut) 25, 26
Rheuma 66, 67, 179, 185, 195

Rhus toxicodendron (Giftsumach) 138, 139, 176, 185, 193, 196, 213
Rippenfell 40
Rippenfellentzündung 120, 185 f.
Rückenprobleme 92
Ruta graveolens (Weinraute) 213

Sabal serrulatum (Zwergpalme) 193, 213
Salix (Weide) 212
Scabiosa (Witwenblume) 212
Schafgarbenkraut 140
Schielen 23
Schierling, gefleckter (Conium) 184, 210
Schilddrüse 168
Schilddrüsenvergrößerung 179
Schlaflosigkeit 161, 162
Schlaganfall 46, 149
Schleudertrauma 179
Schokolade 109, 116, 186, 189
Schöllkraut (Chelidonium) 138, 139, 160, 188, 191, 196, 210
Schwäche, erworbene 96
Schwächezeichen (Lakunen) 44, 63, 81, 90, 91, 101, 103, 104, 112, 113, 114, 117, 119, 129
Schwermetallvergiftung 168
Schwindel 160
Schwitzen 160
Scilla (Meerzwiebel) 198, 213
Scopalamin 94
Secale cornutum (Mutterkorn) 168, 173, 198, 213
Sehloch (Pupille) 25, 27
Sehnerv (Nervus opticus) 25, 26
Seidelbast (Mezereum) 185, 211
Selenium 168, 217
Senf, schwarzer (Sinapis nigra) 213
Sepia (Tintenfisch) 213
Silicea 138, 142, 144, 169, 176, 193
Sinapis nigra (Schwarzer Senf) 213
Sklera (weiße Außenhaut) 25, 122, 123
Sodbrennen 189, 190
Solidago (Goldrute) 138, 139, 193, 198, 213
Solitärpigment 46, 130
Sonnentau (Drosera) 184, 210
Spaltlampe 56
Spartium scoparium (Besenginster) 213
Spigelia (Wurmkraut) 198, 213
Spongia (Badeschwamm) 169, 179, 184, 213
Stäbchen 25
Staphisagria (Stephanskraut) 171, 176, 214
Star, grauer 23
Star, grüner (Glaukom) 23, 94, 142, 163, 169
Stechapfel (Stramonium) 143, 161, 214
Steinklee (Melilotus officinalis) 212
Steinstraße 117
Stephanskraut (Staphisagria) 171, 176, 214
Sternwurzel (Aletris farinosa) 142

Stimmbandentzündung 179
Stinkassant (Asa foetida) 190, 209
Stramonium (Stechapfel) 143, 161, 214
Streß 18, 55, 147, 175, 180, 186, 190
Sulfur 171, 188, 199, 200, 217
Sumbulus (Moschuswurzel) 143
Sumpfporst (Ledum) 196, 198, 212
Süßholzwurzel 140
Symphytum (Beinwurz) 176, 213
Symptommittel 153

Tabacum (Tabak) 198, 213
Taraxacum (Löwenzahn) 184, 188, 190, 200, 214
Taubheitsgefühl 198
Tee 146, 152, 205-207
Tetanie, larvierte (Innenring) 83, 84, 89, 97, 98, 99, 105, 144, 149
Teufelsrübe (Bryonia) 209
Thallium sulfuricum 169, 217
Thrombosen 97
Thymusdrüsenextrakt 121
Tintenfisch (Sepia) 213
Tollkirsche (Belladonna) 94, 160, 209
Tophi (Flecken) 66
Trigeminusnerv 165, 170, 175, 178
Tumor 20, 104, 163
Tumorrisiken 54
Übersäuerung 79
Umwelteinflüsse 55, 100, 147
Umweltgifte 18, 117
Unterlidtupfer, braune 125
Urtica (Brennessel) 199, 200, 214

Valeriana (Baldrian) 161, 214
Venenentzündung 97
Venenstauung 125
Veranlagungen, angeborene (Konstitutionen) 41, 59-99, 100,154
Veranlagungen, erworbene (Dispositionen) 100
Veratum album (Weißer Nießwurz) 160, 214
Verdauungsprobleme 116, 191
Vererbung 21
Vergiftungen 163
Viscum album (Mistel) 160, 214

Wacholderbeeren 140
Wachsgagel (Myristica sebifera) 200, 211
Wanzenkraut (Cimicifuga) 166, 210
Warzen 199
Wasserhanf (Eupatorium perfoliatum) 160, 200, 210
Wassernabel (Hydrocotyle) 200, 210
Wechseljahre 24
Wegerich, breitblättriger (Plantago major) 166, 171, 173, 212
Weide (Salix) 212
Weinraute (Ruta graveolens) 213
Weißdorn (Crataegus) 166, 168, 171, 184, 210
Weißkohlwickel 195, 196

Wetterempfindlichkeit 185
Wetterfühligkeit 108, 155
Wiesenküchenschelle (Pulsatilla) 174, 199, 212
Wintergrün, doldenblütiges (Chimaphilla umbellata) 193, 210
Wirbelsäule 40
Wirbelsäulenprobleme 46
Wischen 113, 122
Witwenblume (Scabiosa) 212
Wolfsfuß, virginischer (Lycopus virginicus) 179, 212
Wolfsmilch (Euphorbium) 173, 176, 200, 210
Wucherung 23
Wurmkraut (Spigelia) 198, 213
Zahnfleischprobleme 177
Zahnschmerz 176, 177
Zäpfchen 25
Zaunrübe (Bryonia) 138, 139, 160, 179, 184, 190, 196, 209
Zeichen, dunkle 103
Zeichen, helle 101
Ziliarfeld 17, 27, 126
Zincum metallicum 138, 139, 166,176, 217
Zincum valerianicum 138, 217
Zirkulationsfurchen 97
Zöppritz, August 48
Zuckerkrankheit 128
Zungenbrennen 116, 177
Zusatzmittel 140, 146, 149, 153
Zwergpalme (Sabal serrulatum) 193, 213

Der Autor

Walter Schwarz, geboren 1948 bei Kiel, absolvierte nach seinem Abitur 1970 bis 1973 eine Ausbildung zum Heilpraktiker und betreibt seitdem eine eigene Praxis im Großraum Kiel mit dem Schwerpunkt Irisdiagnose.

Zahlreiche berufspolitische Aktivitäten auf Landes- und auch Bundesebene: Seit 1978 ist Walter Schwarz Beisitzer für Heilpraktikerprüfungen in Schleswig-Holstein; seit 1986 Mitglied im Gutachterausschuß des Innenministeriums; 1980 bis 1982 Vorsitzender vom *Fachverband Deutscher Heilpraktiker*, seitdem Ehrenvorsitzender; 1985 bis 1992 Präsident der Bundes-Delegiertenkonferenz des Fachverbandes.

Nach einer vierjährigen Weltumsegelung (1992 bis 1996) erhielt er den Ruf vom Uslarer Kreis, dem ältesten und größten Seminar für Irisdiagnose in Deutschland, und unterrichtet seitdem mehrere Wochen im Jahr Heilpraktiker und Ärzte in der Kunst der Augendiagnose.

Rüdiger Dahlke/Baldur Preiml/Franz Mühlbauer

Die Säulen der Gesundheit

Körperintelligenz durch Bewegung, Ernährung und Entspannung

256 Seiten mit zahlreichen Abbildungen, Festeinband

Schon Hippokrates beschwor die »Säulen der Gesundheit« – Bewegung, Ernährung, Entspannung, Bewusstheit und Umweltverantwortung. Von jeder dieser Säulen aus kann man seine Lebensqualität steigern, und alle zusammen ergeben den wunderbaren Effekt ansteckender Gesundheit. Mit zahlreichen Abbildungen, vielen einfachen bis anspruchsvollen Übungen und einer Fülle von Anregungen ist dieses Buch eine Anleitung für ein Leben auf einer gesünderen Basis für jeden, dem seine Gesundheit am Herzen liegt.

IRISIANA